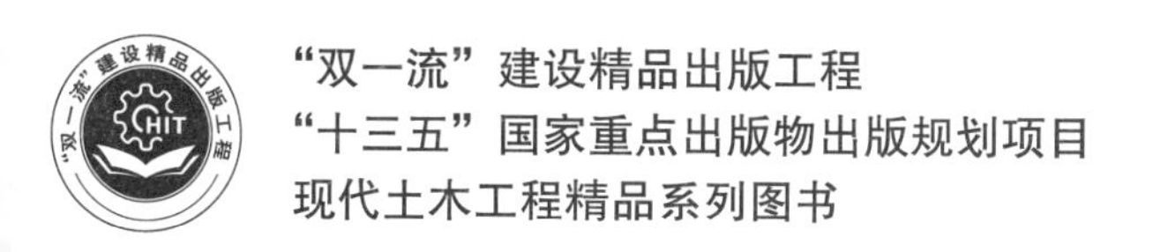

“双一流”建设精品出版工程

“十三五”国家重点出版物出版规划项目

现代土木工程精品系列图书

水环境综合实验指导

COMPREHENSIVE EXPERIMENTAL GUIDANCE ON WATER ENVIRONMENT

陈忠林　赵晟锌　主编

内 容 简 介

本书介绍了色谱与色谱-质谱联用技术、原子发射光谱分析技术、显微分析技术、生物综合实验技术和水质物化分析技术的一些基础知识。针对各类技术所依托的仪器设备，图文并茂地介绍了相关仪器设备的组成和工作原理，并基于水环境领域所涉及的污染物分析鉴定、功能材料表征、分子生物学实验、水处理工艺运行优化、水处理系统中生物和化学反应机理探究等内容，设计了22个典型综合实验应用实例。研究生可以通过这些综合实验应用实例的学习和实际操作练习，提高自身科学实验的实际操作能力，为今后的科学研究工作打下坚实的基础。

本书可作为高等学校市政工程、城市水资源、环境工程、环境科学和环境微生物学等专业研究生的实验教材，同时，可为从事水环境或相关领域的科研人员和专业技术人员提供参考。

图书在版编目(CIP)数据

水环境综合实验指导/陈忠林，赵晟锌主编. —哈尔滨：哈尔滨工业大学出版社，2021.1

(现代土木工程精品系列图书)

ISBN 978 - 7 - 5603 - 9064 - 2

Ⅰ. ①水… Ⅱ. ①陈… ②赵… Ⅲ. ①水环境-实验-高等学校-教材 Ⅳ. ①X143 - 33

中国版本图书馆 CIP 数据核字(2020)第 171113 号

策划编辑　贾学斌　鹿　峰
责任编辑　佟雨繁　陈雪巍
出版发行　哈尔滨工业大学出版社
社　　址　哈尔滨市南岗区复华四道街 10 号　邮编 150006
传　　真　0451 - 86414749
网　　址　http://hitpress.hit.edu.cn
印　　刷　黑龙江艺德印刷有限责任公司
开　　本　787mm×1092mm　1/16　印张 11　字数 228 千字
版　　次　2021 年 1 月第 1 版　2021 年 1 月第 1 次印刷
书　　号　ISBN 978 - 7 - 5603 - 9064 - 2
定　　价　32.00 元

编 写 委 员 会

主　　编　陈忠林　赵晟锌

副 主 编　王斌远　沈吉敏

参编人员　（按姓氏拼音排序）

丁　杰　郭　亮　李冬梅　李哲煜

刘峻峰　南　军　欧阳红　齐　虹

田家宇　王常海　吴忆宁　余　敏

张金娜

前　言

编写这本《水环境综合实验指导》的想法始于11年前，也就是2009年的春天。当时为了与学院新修订的硕士生培养计划及“现代检测技术”这门课程的课堂教学相契合，在已有的公共实验教学平台、大型仪器科研平台以及高水平专兼职实验教师平台基础上，决定为全院研究生开设“综合实验”选修课程。

然而，推动课程的开设，需要与之相配套的实验教材，但当时已有的实验教材都不适合，原因在于“综合实验”这门课程的内容设计主要建立在哈尔滨工业大学市政环境工程学院现有的科研仪器设备条件基础之上，其思路是：围绕现有科研仪器设备，尽可能多地开设有利于培养研究生科研能力的一系列实验单元，内容涉及水环境污染物分析鉴定、水环境功能材料表征、水环境分子生物学实验、水处理工艺运行优化、水处理系统中生物和化学反应机理探究等方面，以供研究方向各异的研究生选修。从知识结构的深度与广度来讲，已有的实验教材并不能够涵盖上述具有较强综合性的实验内容，因此，我们决定编写一本能够指导研究生提高综合实践能力的综合实验教材。

2009年，自研究生“综合实验”课程建设获得哈尔滨工业大学研究生培养模式改革项目立项之日起，我们便开始着手组织相关人员编写实验教学材料，并于2010年春季学期将含有17个实验单元的校内实验讲义投入“综合实验”课程，结束了本院研究生没有正式参加过实验教学课程技能训练的历史。此后，实验讲义经过不断地修订、完善、补充和取舍，已形成含有20余个实验单元的校内讲义，10年来已为我院近2 000名研究生开设了3万人时数左右的实验教学。

时间进入2020年，我们迎来了哈尔滨工业大学建校百年的喜庆日子，哈尔滨工业大学正朝着“中国特色、世界一流、哈工大规格”百年强校的目标稳步前进。借着百年校庆的喜庆春风，《水环境综合实验指导》入选了哈尔滨工业大学第一期“双一流”建设精品出版工程和百年校庆百种图书出版工程。

本书由陈忠林、赵晟锌任主编，王斌远、沈吉敏任副主编，丁杰、郭亮、李冬梅等参编，具体分工如下：第1、2、4章及第6章部分内容由赵晟锌编写；第3、5章及第6章应用实例中的背景简介相关内容由王斌远编写；第6章实例1、16、18由沈吉敏编写，实例2由齐虹编写，实例3、4由赵晟锌和余敏编写，实例5、9、10、11由李冬梅编写，实例6由张金娜编写，实例7、8、12由李哲煜编写，实例13由欧阳红编写，实例14、20由南军和刘峻峰编写，实例15由王常海编写，实例17由丁杰和吴忆宁编写，实例19由田家宇和王斌远编写，实例21、22由郭亮编写；书中插图由陈超、毕蓝泊、祝鑫炜、张明运、龚颖旭、梁迅和蔡婳婳等同学参考相关的技术资料绘制而成，在此表示感谢。

全书由赵晟锌汇总统稿，最后由陈忠林进行全书修改和审定。

由于编者的水平有限，书中难免存在疏漏及不妥之处，恳请读者批评指正。

编　者

2020年5月

目　　录

第1章　色谱与色谱-质谱联用技术

1.1 概　　述

1.1.1 色谱法

色谱法(Chromatography)是一种分离技术,适宜分离多组分的试样,因其效率高而被视为各种分离技术中应用最广的一种方法。色谱法按流动相(Mobile Phase)的物理状态可分为气相色谱法(Gas Chromatography,简称 GC)、液相色谱法(Liquid Chromatography,简称 LC)和超临界液体色谱法(Supercritical Fluid Chromatography,简称 SFC),它们的流动相分别为气体、液体和超临界流体。其中,按固定相(Stationary Phase)的物理状态不同,可将气相色谱法分为气固色谱法和气液色谱法,将液相色谱法分为液固色谱法和液液色谱法。按照流动相与固定相之间的相互作用,色谱法分为吸附色谱法、分配色谱法、离子交换色谱法和凝胶色谱法等。按色谱动力学过程划分,色谱法分为洗脱色谱法、迎头色谱法和顶替色谱法,其中洗脱色谱法因其能使试样组分获得良好的分离、除去洗脱剂后可获得纯度较高的物质,是目前一种普遍应用的色谱方法。

洗脱色谱法分离试样中各组分的原理:当试样流过色谱柱时,由于试样中各组分在固定相和流动相中的分配系数不同,导致各组分流经色谱的时间不同,分配系数大的组分通过色谱柱所需要的时间长,相反,分配系数小的组分通过色谱柱所需要的时间短,各组分的非等速迁移,使之达到各组分分离的目的。而试样中各组分定性分析的依据则为保留时间(Retention Time,简称 RT),它表示的是试样从进样开始到柱后出现色谱峰极大值时所经历的时间,包含了组分随流动相通过色谱柱的时间和组分在固定相中滞留的时间,受流动相种类和流速的影响较大。

分离度也称分辨率,它是指相邻两色谱峰保留值之差与两峰底宽平均值之比,是衡量两相邻组分在不同色谱条件下分离程度的一个重要参数,其计算公式见式(1.1)。

$$R=\frac{2(t_{R_2}-t_{R_1})}{Y_1+Y_2} \tag{1.1}$$

式中　R——分离度;

t_{R_1}——先出峰组分 1 的保留时间,min;

t_{R_2}——后出峰组分 2 的保留时间,min;

Y_1——组峰 1 的峰底宽,min;

Y_2——组峰 2 的峰底宽,min。

对于得到的色谱图,可以从以下几个方面进行分析:①根据色谱峰的个数及是否存在溶剂峰,判断试样中所含组分的最少个数;②结合标准样品的色谱峰保留时间,判断试样中各组分的具体成分,进行定性分析;③根据标准样品和试样组分的色谱峰峰面积或峰高,计算对应试样组分的含量,进行定性分析;④色谱峰间的距离是评价固定相和流动相是否合适的依据,可通过选择合适的固定相或流动相类型,选择合适的柱温,改变柱长,改变流动相的流速或多元流动相的组成,达到提高试样中各组分间分离程度的目的。

1.1.2 质谱法

质谱法(Mass Spectroscopy,简称 MS)是获取无机、有机和生物分子的结构信息以及对复杂混合物中的各组分进行定性和定量分析的方法,它是通过将样品转化为运动的气态离子,并利用电场和磁场将运动的离子按质荷比大小分离后进行检测的分析方法。按分析对象划分,可分为原子质谱法和分子质谱法,两者的原理和仪器大体构造基本相同,都包括离子源(但离子化方式差别较大)、质量分析器、检测器和真空系统,但因分析对象不同,仪器各部分结构、技术及应用范围有很大差别。其中,分子质谱提供的信息量大、进样方式和离子化技术多样。原子质谱法又称无机质谱法,它是将单质离子按照质荷比的不同进行分离和检测的方法,广泛应用于物质试样中元素的定性和定量分析。典型的原子质谱法与 ICP 技术联用,即 ICP-MS。ICP-MS 的图谱非常简单,在无光谱干扰和基体干扰的情况下,容易解析。分子质谱法又称有机质谱法,一般采用高能粒子整流等使已气化的分子离子化,或是将固态或液态试样直接转变成气态离子,将分解出的阳离子加速导入质量分析器中,然后按质荷比的大小顺序进行收集和记录,从而得到质谱图。实验中通常会将分子质谱法与气相色谱、液相色谱联用,用于检测复杂试样中各组分。质谱图较为复杂,即使是简单的有机物,一张质谱图中也可以看到许多峰,当然峰的个数除了与组分本身结构有关外,还与离子源种类和能量、试样所受压力和仪器构造有关。质谱图可提供的分子结构信息包括分子量、元素组成,以及由裂解碎片检测官能团、辨认化合物类型、推导碳骨架时所需信息等。

质谱法是纯物质鉴定的最有力工具之一,功能包括相对分子量测定、化学式的确定及结构鉴定等,但对多组分的复杂试样分析较为困难。如果要想较为清楚地分析试样中各组分,需要对待鉴定的组分进行一系列繁杂的分离纯化操作,费时费力。而色谱法是一种有效的、可用于有机化合分离的方法,虽然定性分析比较困难,但完成度较好的定性分析工作将特别有利于进行定量分析。因此,将色谱技术与质谱技术有效结合,将提供一个进行多组分鉴定的高效定性和定量分析工具。质谱-色谱联用技术有:用于无机元素价态和形态分析的 IC-MS、HPLC-ICP-MS、IC-ICP-MS、SPE-ICP-MS和 GC-ICP-MS;用于有机物结构信息鉴定的 HPLC-MS、GC-MS 等。

质谱仪的分辨率衡量的是其分开相邻质量数离子的能力,主要由离子源、离子通道半径,以及加速器和收集器的狭缝宽度决定。依据分辨能力,质谱仪分为低分辨质谱仪、中分辨质谱仪和高分辨质谱仪。质谱图中,主要用棒状图来表示质谱数据,其中横坐标是质荷比 m/z,纵坐标准是相对强度或绝对强度。根据质谱图中的峰位置,可进行定性和结构分析;根据峰的强度,可进行定量分析。质谱分析的基本过程可以分为四个环节:①通过合适的进样装置将样品引入并进行气化;②将气化后的样品引入离子源进行电离,即离子化过程;③电离后的离子经过适当的加速后进入质量分析器,按不同的质荷比(m/z)进行分离;④经检测、记录,获得一张谱图。根据质谱图提供的信息,可以进行无机物和有机物定性与定量分析、复杂化合物的结构分析、样品中同位素比的测定以及固体表面的结构和组成的分析等。

对于得到的质谱图,可以从以下几个方面进行分析。

1. 解析分子离子峰

分子离子峰是失去某一电子而生成的带正电荷的离子 M^+ 所产生的峰,其m/z的数值相当于该化合物的相对分子质量,因此可根据分子离子峰确定化合物的可能分子式:①注意观察分子离子峰出现的位置和峰强,若出现,应位于质谱图的右端,相对强度取决于分子离子相对于裂解产物的稳定性,分子离子峰的强度可以大致指示化合物的类型,如芳香环的分子离子稳定性较强,表现为较强的分子离子峰;②观察 M^+ 的奇偶性,氮原子时由氮律推断氮原子个数。

2. 解析同位素离子峰

因质谱仪的灵敏度很高,一般情况下,在质谱图中会出现一个或多个同位素组成的离子峰,在同位素离子中,可能是单一个同位素原子的离子,也可能是多种元素的同位素原子组合的离子,故其质量数可能是 M、$M+1$、$M+2$ 等。判断有无 $M+1$,$M+2$ 等,如存在,计算 M^++1/M^+、M^++2/M^+强度比值,与理论估计值进行比对,推测元素个数。如含卤素有机物,由于^{37}Cl 丰度较大,故在质谱图上能够检测到 $M+2$ 峰,分子中含有多个氯的有机化合物,将有非常强的 $M+4$,$M+6$ 等同位素离子峰,采用二项展开式可计算分子离子峰和同位素离子峰的强度比。如果分子中有 3 个氯原子则分子离子峰与同位素峰的强度比 M : ($M+2$) : ($M+4$) : ($M+6$)近似为 27 : 27 : 9 : 1。

3. 分析碎片离子峰

当轰击电子的能量超过分子电离所需要的能量时，分子离子的原子间的一些化学键还会进一步断裂，产生质量数较低的碎片离子峰，分子裂解的过程与其结构密切相关，研究最大丰度的离子断裂过程，能得到被分析化合物的结构信息：①碎片离子峰在质谱图上位于分子离子峰的左侧，找出主要碎片离子峰，记录 m/z 及强度；②从 m/z 的值可以看出从分子离子上脱掉何种离子或中性碎片，以此推测可能的结构和开裂类型，并由不同的碎片离子综合判断可能的结构和开裂类型。

4. 分析亚稳离子峰

离子在离开电离室到达收集器之前的飞行过程中，发生分解而形成的低质量离子所产生的峰为亚稳离子，质量为 m_1 的母离子裂解为质量为 m_2 的子离子。找出亚稳离子峰，可确定 m_1^+ 至 m_2^+ 开裂过程。可利用 $m^* = (m_2)^2/m_1$ 来确定 m_2 和 m_1 的关系，推断其开裂过程。亚稳离子峰的峰形宽且矮，且通常 m/z 为非整数。

5. 分析重排离子峰和多电荷离子峰

在两个或两个以上键断裂过程中，某些原子或基团会从一个位置转移到另一个位置，得到的相应峰为重排离子峰，转移的基团通常是氢原子。其中最常见的一种重排方式是麦氏重排，可发生此类重排的化合物的结构特征是分子中有一个双键且在 γ 位置有氢原子。有些分析化合物非常稳定，可失去两个或两个以上的电子，表现为多电荷离子峰的出现。

最后，列出部分基团结构单元，拼出可能结构，排除不可能的结构，认定可能的结构，同时，可进一步结合其他分析鉴定方法如元素组成分析、红外光谱、核磁共振谱等相互佐证。

1.2 气相色谱仪

气相色谱法是指用气体作为流动相（载气）的色谱法，它是由惰性气体将气化后的试样带入加热的色谱柱，并携带分子通过固定相，达到分离的目的。气体作为流动相具有黏度小，扩散系数大的特点，因此在柱内的传质速度快，十分有利于快速、高效分离低分子化合物。气相色谱根据固定相的状态不同可分为气固色谱和气液色谱，其中气液色谱因分离对象多、固定液种类多而具有很好的选择性，因而得到广泛实际应用。气液色谱之所以能有效地对各组分实现有效的分离，主要依据分配原理。分配原理是指利用各种组分在流动相和固定相之间的分配系数不同，从而达到不同组分的分离目的。气相色谱仪通常由五个部分组成，分别为气路系统、进样系统、分离系统、温控系统、检测与记录系统。气相色谱仪流程示意图如图 1.1 所示。

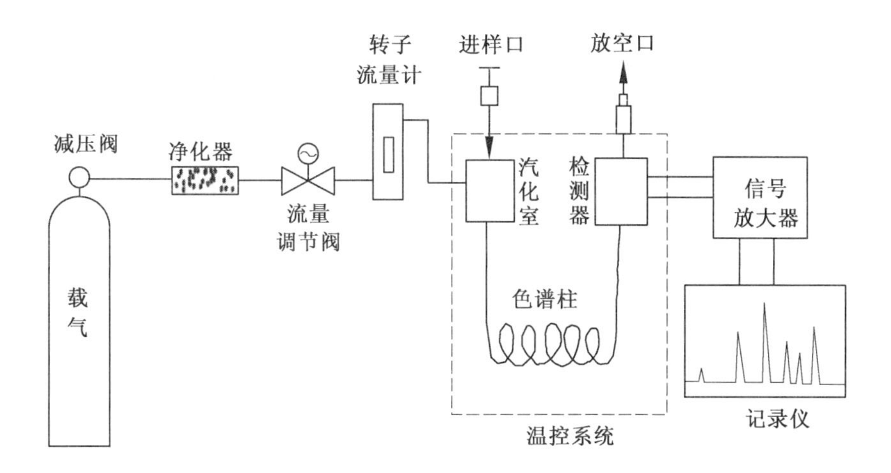

图1.1　气相色谱仪流程图

1.2.1　气路系统

气路系统是气相色谱仪上密闭的管路，是可让载气连续运行的场所，包括气源（载气）、气路结构、净化器、稳压恒流装置等。

（1）气源（载气）：常用的载气有 H_2、He、N_2 和 Ar，一般由相应的高压气瓶供给。其中 H_2 和 N_2 可分别由氢气发生器和氮气发生器供给。

（2）气路结构：气相色谱仪主要有单柱气路和双柱气路两种气路形式。其中单柱气路适用于恒温分析，双柱气路适用于程序升温。目前多数气相色谱仪属于双柱气路，因其能补偿固定液的流失和温度波动，使得基线较稳定。

（3）净化器：为避免假峰的产生，载气必须是高度纯净的。为除去载气中的烃类物质、水、氧气等影响分析检测的杂质，载气在流入色谱仪前需要经过装有活性炭、硅胶、105 催化剂或分子筛的净化器进行净化。

（4）稳压恒流装置：载气流速直接影响色谱分离效果和定性分析准确性，稳定的载气流速由稳压阀保持进口压力稳定，从而保持流速恒定。在程序升温中，还需要在稳压阀后串接一个稳流阀，以消除因升温而导致的载气流量变小的现象。

1.2.2　进样系统

进样系统包括进样装置和气化室。对于已经是气态的气体试样，可用气体注射器或气体进样阀直接进样，而液体试样；可用微量液体进样器手动进样或自动进样器自动进样，经气化室气化后，才能用气相色谱仪来进行分析。自动进样能够实现高度重复的进样，目前，已经基本取代手动进样。进样系统由加热的进样口和液体注射器或液体进样阀组成。气体样品不需要气化，因此没必要加热，但是为了保证进样口的待测物质不冷凝，进样口温度通常设置为 100 ℃。而液体样品要求加热进样口，温度要比使用的最高柱温高 10 ~ 50 ℃，以保证样品全部气化，但温度又不能过高而导致样品分解。判断是否发生样品分解,可观察色谱峰形和峰个数:当所有色谱峰的峰形大致相同时,说明进样口温度已经足够高,如果后流出的色谱峰显得过宽,可将进样口温度升高 10 ℃看峰形是否改善;当出现的峰数比组分峰数还多且峰型较差时,说明可能有样品分解发生,稍稍降低进样口温度后进行第二次分析,若两次峰的大小有明显的变化,表明在进样口处有样品分解发生。

1.2.3 分离系统

色谱柱是气相色谱仪的分离系统,由柱管和固定相等组成。按固定相填充方式不同,分为毛细管柱和填充柱。在柱子内表面涂布高沸点固定液,其中没有填充物,得到的柱子为毛细管柱(也称空心柱)。毛细管柱的管材为熔融石英毛细管,相比于不锈钢和玻璃柱为管材的色谱柱,呈现很好的惰性。当气化的组分与气相和固定(涂层)相共存时,它就根据两相相对吸附性能的不同而在两相间进行分配。填充柱是指在柱内固定液被涂在粒度均匀的载体颗粒上以增大表面积、减少涂层厚度,涂好的填料被填充在金属、玻璃或塑料管内。填充柱有较大的样品容量,对于老式灵敏度低的检测器较为适用,然而,随着现代高灵敏度检测器的出现,填充柱样品容量大的优势已不复存在,毛细管柱因对液态样品有更好的分离度而得到广泛应用。

1.2.4 温控系统

温度是提高色谱柱选择性、分离度和检测器灵敏度及稳定性的重要参数。温控系统是用于色谱柱箱、气化室和检测室三处的温度设定、控制和测量。气相色谱的流动相为气体,只有气态试样才能被载气携带而通过进样系统、色谱柱和检测器。因此,从进样至检测完毕,都必须进行控温以保证待测组分处于气态。色谱柱温度一般采用的柱温低于固定液的最高使用温度,在使最难分离的组分尽可能分离的前提下,以保留时间适宜、峰形不拖尾为度,尽量选择较低的柱温。气化室(通常与进样口连为一体)的温度要求达到能使试样瞬间气化而不分解,一般比柱温高 10 ~ 50 ℃。检测室的控温精度要求优于±0.1 ℃。

1.2.5 检测与记录系统

检测与记录系统包括检测器和记录器。检测器是指能把在不同时间段从色谱柱流出的各组分的浓度(或质量)信号转换成易于测量的电信号的装置,电信号经放大后输送到记录器得到色谱图。根据检测原理划分,检测器可分为浓度型检测器(如热导检测器、电子捕获检测器等)和质量型检测器(如氢火焰离子化检测器、火焰光度检测器等)。热导检测器(Thermal Conductivity Detector,简称 TCD)、电子捕获检测器(Electron-capture Detector,简称 ECD)、氢火焰离子化检测器(Flame Ionization Detector,简称 FID)和火焰光度检测器(Flame Photometric Detector,简称 FPD)是气相色谱的四种典型检测器,能够完成气相色谱分析的大部分工作。表 1.1 列出了这几种常用气相色谱检测器的工作原理及适用分析对象。

表 1.1　常用气相色谱检测器

检测器名称	工作原理	适用分析对象
热导检测器（TCD）	根据各组分和载气（氢气和氦气因热导系数最大为优选载气）的导热系数差异而工作，采用热敏元件进行检测	应用范围广泛，对无机和有机物质都有响应
电子捕获检测器（ECD）	检测池中的放射性同位素发射出 β 射线，β 射线和载气分子碰撞而产生低能量的自由电子，在两电极间施加极化电压可以捕集电子流。某些分子能够捕获低能量的自由电子而形成负离子，当此类化合物进入检测池，部分电子被捕获从而使得收集电流下降	具有电负性的物质，如含有卤素、硫、磷、氮、硝基等的物质有响应，电负性越强则灵敏度越高
氢火焰离子化检测器（FID）	被测组分由载气带出色谱柱后，在进入喷嘴前与氢气混合，然后进入离子室火焰区（由氢气在空气中燃烧产生），生成正负离子，在电场作用下分别向两极移动，从而形成离子流	含碳有机物，对永久性气体、水、CO、CO_2、硫化物、氮氧化物不产生信号或信号很弱
火焰光度检测器（FPD）	含硫、磷的有机化合物在富氢焰中反应，形成具有化学发光性质的 S_2^*、HPO 碎片，分别发射波长为 394 nm 和 526 nm的特征光	含硫、磷的有机化合物

1.2.6　工作原理

流动相（载气）依次经过减压阀、净化器、稳压阀和转子流量计后，以稳定的、压力恒定的流速连续经过色谱柱、检测器，最后放空（电子捕获检测器出口的载气中在测样时含有未被破坏的有毒有害污染物，要注意放空安全）。液体试样经进样口进样，被加热后瞬间气化，气化后的试样被载气带入色谱柱进行分离，经分离后的试样组分随载气依次进入检测器，检测器将组分的浓度（或质量）信号转变为电信号，电信号经放大后由记录器记录，即得到色谱图。

1.3　液相色谱仪

液相色谱法是指流动相是液体的色谱法，可分为平板色谱法和柱色谱法，前者包括纸色谱法和薄层色谱法。纸色谱法是利用滤纸作固定液的载体，把试样点在滤纸上,然后用溶剂展开,各组分在滤纸的不同位置以斑点形式显现,根据滤纸上斑点的位置及大小进行定性和定量分析。薄层色谱法是利用均匀涂有一定粒度吸附剂的薄层板为固定相,将待分析试样的溶液滴加在薄层板上点样,然后用溶剂展开,各组分在薄层板上的不同位置以斑点形式显现,根据斑点的位置及大小进行定性和定量分析。区别于经典的液相色谱法,当液相色谱法采用颗粒极细的固定相填充时,要使流动相通过色谱柱,需要用高压泵输送流动相,并且检测的过程全部基于仪器来完成,这种色谱分离方法称为高效液相色谱法(High Performance Liquid Chromatography,简称 HPLC)。超高效液相色谱法(Ultra Performance Liquid Chromatography,简称 UPLC)是一种新兴液相色谱技术,1996 年第一台商品化的 UPLC 产品由 Waters 公司推出,它借助于 HPLC 的理论及原理,拥有小颗粒填料、低扩散和低交叉污染自动进样器、非常低的系统体积及高速采样速度的灵敏检测器等,增加了分析的通量、灵敏度及色谱峰容量。虽然 UPLC 有诸多优点,但由于仪器使用过程中内部压力过大,也会产生如泵的使用寿命相对降低、仪器的连接部位老化速度加快、单向阀等部位零件容易出现问题等现象。目前,HPLC 仍然在液相色谱法中应用最广泛,是本节主要介绍的内容。高效液相色谱仪一般分为四个部分,高压输液系统、进样系统、分离系统和检测系统,此外,根据一些特殊要求,还配备脱气、柱温箱、梯度洗脱、馏分收集和自动进样器等装置。

1.3.1 高压输液系统

高压输液系统由溶剂储备罐、高压泵、过滤器、压力脉动阻尼器等组成。

色谱柱直径小、填料粒度小的特点导致其阻力很大,要使溶剂通过色谱柱,必须有很高的柱前压力。流动相的流量影响柱效、色谱峰保留值、重现性和精密度等。因此,高压泵是高效液相色谱的核心部件。配备输出压力平稳、无脉动,输出恒定流量且流量范围可调的高压泵,是高效液相色谱实现快速、高效分离的基本保障。

高压泵可分为恒压泵和恒流泵。恒压泵因受柱阻力影响,流量不稳定;而恒流泵与色谱柱等引起的阻力变化无关。恒流泵按结构不同,可分为螺旋泵和往复泵(又分为柱塞往复泵和隔膜往复泵),目前,柱塞往复泵应用最广。柱塞往复泵的优点在于不受柱阻力影响,改变柱塞移动距离及频率可调节流量,死体积小,适用于梯度洗脱。但是输液有脉冲波动,对示差折光检测器等会产生基线噪声而降低检测器灵敏度,此缺陷可用脉冲阻尼器或具有输出流量能相互补偿的双头泵来克服。

1.3.2 进样系统

在液相色谱中,柱外的谱带扩宽会造成柱效显著下降,其谱带扩宽一般发生在进样系统、连接管道及检测器中,所以设计较成功的液相色谱应尽量减少这三个区域的死体积。另外,好的进样方式对提高柱效和重现性有很大作用。

常见的进样方式有三种:注射器进样、停留进样和高压六通阀进样。注射器进样的进样方式与气相色谱相似,试样通过微量注射器穿过密封的弹性隔膜注入柱子,只能在低压或停留状态使用,易漏液、重现性差。停留进样是在高压泵停止供液、体系压力下降的情况下,将试样直接加到柱头,这种进样方式重现性差,一般不采用。高压六通阀进样可直接向压力系统内进样而不需要停止流动相,是目前液相色谱广泛应用的一种进样方式。其优点是进样量严格受控且可变范围大、耐高压、重现性好、易于自动化,缺点在于容易造成谱峰柱前扩宽。

1.3.3　分离系统

液相色谱的分离系统指的是色谱柱,色谱柱由柱管和固定相组成。柱管管材通常为不锈钢。色谱柱按长度或内径规格可划分为分析型和制备型两类。分析型柱根据内径大小不同分为常量柱、半微量柱和毛细管柱。制备型柱的内径为20~40 mm,柱长为10~30 mm。一般情况下,为减少温度对分离效果的影响,需要配备柱温箱。

色谱柱的柱效主要取决于固定相的性能和装柱技术。减小填料颗粒直径可提高柱效,缩短柱长,加快分析速度。液相色谱柱填充技术通常分为干法、半干法和湿法三种。其中干法适用于直径大于20 μm的填料;半干法适用于直径在10~20 μm(或20 μm以上)的荷电颗粒;湿法也称匀浆法,适用于直径小于20 μm的填料。湿法具体做法是选择大于填料密度和小于填料密度的两种溶剂,通过适当配比形成与填料密度相同的混合溶剂,然后把填料加入混合溶剂中形成均匀、稳定的均浆,在高压泵的作用下快速将其压入装有洗脱液的色谱柱管中,可制成均匀紧密填充的色谱柱,经洗脱后即可备用。有时,为了防止来自流动相和样品中的不溶性微粒堵塞色谱柱,在连接进样器和色谱柱之间添加一根短柱(或称为预柱或保护柱),短柱的使用可提高色谱柱的使用寿命,但是增加了色谱峰的保留时间,往往会降低保留时间相差小的组分间的分离度。

1.3.4　检测系统

液相色谱的检测器较多,如示差折光检测器、荧光检测器、紫外光度检测器、电化学检测器等,其中紫外光度检测器是高效液相色谱最常用的检测器。紫外光度检测器分为三类:固定波长的滤光片式、可变波长和扫描的单色器式,以及光电二极管阵列式(Photo-diode Array,简称PDA)。其中光电二极管阵列检测器(PDA Detector)的工作原理是:由光源发出的紫外或可见光通过检测池,所得组分特征吸收的全部波长经光栅分光、聚焦到光电二极管阵列上被同时检测,并由计算机快速采集,便得到三维色谱。

液相色谱的检测器与气相色谱相比,除荧光检测器和电化学检测器等选择型检测器的灵敏度接近气相色谱检测器,其他检测器灵敏度都比气相色谱检测器的灵敏度差。

1.3.5 梯度洗脱装置

梯度洗脱是指在一个分析周期中,按一定程序连续改变流动相中溶剂组成和配比,使各组分在适宜的条件下获得分离。其作用相当于气相色谱中的程序升温。如果样品性质差别不大,一般采用等度洗脱,但对组分数目较多、性质相差较大的试样,采用梯度洗脱可提高各类组分的分离度,缩短分析时间,但是有时可引起基线漂移。

梯度洗脱可分为高压梯度和低压梯度。高压梯度是利用两台高压泵将溶剂增压后输入梯度混合室,混合后的溶剂再送入色谱柱;低压梯度是在常压下先将溶剂按程序混合后,再用泵增压送入色谱柱。

1.3.6 工作原理

高压泵输送溶剂流经进样器和色谱柱,最终从检测器的出口流出。试样进入进样器,被流经进样器的流动相带入色谱柱进行分离,经分离后的试样组分随流动相依次进入检测器,记录仪将检测器得到的电信号放大并记录下来,得到液相色谱图。

1.4 质谱仪及质谱联用仪

1.4.1 质谱仪

质谱仪的种类多样,分类方法也较多。按照应用范围分为气体分析质谱仪、同位素质谱仪、无机质谱仪和有机质谱仪;按分辨能力分为高分辨、中分辨和低分辨质谱仪;按质量分析器划分为磁式双聚焦质谱仪、四极杆质谱仪、飞行时间质谱仪、离子阱质谱仪和傅里叶变换质谱仪等。典型的质谱仪一般由进样系统、离子源、质量分析器、检测器和记录系统等部分组成,此外,还包括真空系统和自动控制数据处理等辅助设备。本节主要介绍的是有机质谱仪。

1. 真空系统

质谱仪作为精密仪器,须在高真空条件下工作,以保证离子源、分析器和检测器正常运行。原因在于大量氧会烧坏离子源的灯丝,几千伏的加速电场会引起放电,排除额外的离子-分子反应所引起的改变裂解模型和谱图复杂化、减少本底与记忆效应。离子源的真空度应达到 $10^{-5}\sim10^{-3}$ Pa,质量分析器的真空应达到 10^{-6} Pa。真空条件可由机械真空泵、扩散泵或涡轮分子泵来提供。机械真空泵的极限真空度为 10^{-1} Pa，不能满足质谱仪对真空度的要求。扩散泵是常用的高真空泵，其性能稳定，缺点是启动慢、存在扩散泵油污染等问题。目前，大多数质谱仪应用的是涡轮分子泵，因其无需用油，避免了扩散泵油污染问题。

2. 进样系统

进样系统应通过适当的装置，在尽量减小真空度损失的前提下，将气态、液态或固态试样以相应的引入方式引入离子源。进样方式包括直接探针进样、间歇式进样、色谱进样和毛细管电泳进样。

对固体和非挥发的单组分试样，可采用直接探针进样的方式。它是将试样放在能直接插入电离室的探针上，探针十分接近离子源，加热离子源或探头可使样品挥发。对单组分或成分简单的气体或挥发性液体和固体试样，可采用间歇式进样方式。它是通过可拆卸的试样管将少量固体或液体试样导入试样贮样器，由于试样贮样器压力比电离室高1~2个数量级，部分试样可通过分子漏隙进入电离室。

色谱进样和毛细管电泳进样适合试样中多组分分析。通常将质谱仪与气相色谱、液相色谱或毛细管电泳柱联用，使它们兼具色谱法的优良分离功能和质谱法的高效分子结构鉴定能力，气质联用(GC-MS)和液质联用(LC-MS)是目前分析复杂混合物最有效的工具。但是，将质谱仪与这些分离技术联用，需要有特殊的接口。

3. 离子源

离子源的作用是将试样中的原子或分子离子化，它的性能对质谱仪的灵敏度和分辨率等有很大影响。对于特定的分子而言，质谱图的面貌也很大程度取决于所用的离子化方法。通常将离子源分为硬电离源和软电离源。硬电离源能量较高，所获得的质谱图通常可提供分析物质所含功能基团的类型和结构信息。硬电离源因有足够的能量碰撞分子，而使分子处于高激发能态，驰豫的过程可发生键的断裂并产生质荷比小于分子离子的碎片离子峰。软电离源获得的质谱图中碎片离子峰较少且强度低，而分子离子峰的强度很大，可较为准确地提供分析物质的相对分子质量。属于硬电离源的有电子轰击电离源(Electron Impact，简称EI)，软电离源有化学电离源(Chemical Ionization，简称CI)、快原子轰击源(Fast Atomic Bombardment，简称FAB)、电喷雾电离源(Electrospray Ionization，简称ESI)、大气压化学电离源(Atomospheric Pressure Chemical Ionization，简称APCI)、基体辅助激光解吸电离(Matrix-assisted Laser Desorption/Ionization，简称MALDI)等。其中MALDI特别适合于用作飞行时间质谱仪(TOF-MS)和傅里叶变换回旋质谱仪(FT-MS)的电离源。有机质谱法中常用的电离源见表1.2。

表 1.2 有机质谱法中常用的电离源

名称	工作原理	适用对象	特点
电子轰击电离源(EI)	用电加热的铼或钨灯丝发出的高速电子束与样品分子发生碰撞,使试样分子电离	用于挥发性样品的电离,质量范围 1～1 000 Da,主要用于 GC-MS 联用仪	可获得丰富的结构信息,有标准质谱图可以检索,但只适用于易气化的有机样品。对于一些不稳定的化合物,很难得到分子离子峰
化学电离源(CI)	与 EI 的主要差别在于 CI 工作的过程中需要引入一种反应气体,灯丝发出的电子束首先将反应气电离,然后反应气离子与样品分子进行离子-分子反应,并使样品电离	试样既可以是有机物,又可以是无机物,不适合于难挥发成分分析,质量范围 60～1 200 Da,主要用于 GC-MS 联用仪	图谱简单,但由于 CI 得到的质谱图不是标准的质谱图,所以不能进行数据库检索。有些不稳定的有机化合物,用 EI 得不到的分子离子峰,改用 CI 后可得到准分子离子峰
快原子轰击源(FAB)	从离子源射出的依靠放电产生的氩(或氙)离子,经加速后通过氩(或氙)原子室,此时高能量的氩离子经电荷交换后,形成高能量氩原子流,轰击试样使试样电离	主要用于极性强、分子量大的样品分析,如有机金属络合物、肽类、天然抗生素和低聚糖等,质量范围为 300～6 000 Da。FAB 源主要用于磁式双聚焦质谱仪中,随着电喷雾和激光解吸电离源的出现,FAB 源的应用范围已经缩小	电离过程中不必加热气化,因此适合热稳定性差、难气化的大分子量样品。得到的质谱图中有较强的准分子离子峰,碎片峰比 EI 少
电喷雾电离源(ESI)	它的结构主要是由加了数千伏高压的两层套管组成的电喷雾嘴,喷嘴内层通过的是液相色谱流出液,外层是雾化器(通常是 N_2),雾化器的作用是使喷出的液体分散成微滴,再通过喷嘴斜上方流出的辅助气使微滴中的溶剂快速蒸发,当微滴表面电荷增大到临界值时,离子便从表面蒸发出来	适用于分析极性强的大分子有机化合物,如蛋白质、糖类、肽类等,质量范围为 100～50 000 Da。主要应用于 LC-MS 联用仪	兼具电离和联接口功能。对于热稳定性差的化合物,也不会在电离过程中发生分解,通常很少或没有碎片离子峰,但容易形成多电荷离子。一般只能提供未知化合物的分子量信息

续表 1.2

名称	工作原理	适用对象	特点
大气压化学电离源(APCI)	与 ESI 相比,两者具有相似的结构,但 APCI 喷嘴的下方放置有一个针状的放电电极,通过放电电极高压放电,会使流动相中雾化后的某些中性分子和溶剂分子电离,这些离子会与试样分子进行离子-分子反应,使后者离子化	主要用来分析中等极性的小分子化合物,质量范围一般小于 1 000 Da。主要应用于 LC-MS 联用仪	用 ESI 不能产生足够强的离子时可采用 APCI,主要产生的是单电荷离子。分析的化合物分子量一般小于 1 000 Da,得到的质谱有很少的碎片离子,主要是准分子离子,通过质子转移,样品分子可以生成$(M+H)^+$或$(M-H)^-$等
基体辅助激光解吸电离(MALDI)	被测样品以一定比例与小分子基质相混合,使得被测样品被大量基质所分散。当脉冲激光照射到基质上时,基质吸收能量而被激发,被激发的基质分子发生爆炸,并同时把被基质包裹的待测物分子卷入气相形成卷流并在气相中使之离子化	适用于分析生物大分子,如蛋白质、多肽、多糖和高分子聚合物等大分子。常与飞行时间检测器(TOF)联用来检测质量	离子化过程相对激光剥蚀更加温柔,激光光源是脉冲紫外激光器,能量在4 eV 左右,这一能量甚至比大多数有机分子键能都要低,故引发的离子碎片较少,且产生的离子多是单电荷离子

4. 质量分析器

质量分析器的作用类似于光谱学中的单色器,通过场作用将离子室产生的离子按质荷比的大小不同顺序分开,并允许足够数量的离子流通过,最终进入检测器排列成谱。可用作有机质谱仪的质量分析器较多,包括四极杆分析器(Quadrupole Analyzer)、离子阱分析器(Ion Trap Analyzer)、单聚焦分析器(Single Focusing Analyzer)、双聚焦分析器(Double Focusing Analyzer)、飞行时间分析器(Time of Flight Analyzer)和傅里叶变换离子回旋共振分析器(Fourier Transform Ion Cyclotron Resonance Analyzer)等。其中四极杆分析器、离子阱分析器、双聚焦分析器和飞行时间分析器也可用于无机质谱仪中。常用质量分析器见表 1.3。

表 1.3 常用质量分析器

种类	工作原理	特 点
四极杆分析器	它由四根作为电极的平行圆柱电极杆组成,并通有直流和射频交流电压。当离子由电极间轴线方向进入电场后,会在极性相反的电极间产生振荡,通过调节两者的直流和交流电压比例,四极场只允许一定质荷比范围的离子通过,而其他离子全部打在四极杆上被转化为中性分子	具有扫描速度快、离子流通量大、质谱图重现性好和易操作等优点,但分辨能力比双聚焦分析器低,适用的质量范围也较小,对高质量数离子有质量歧视效应,适用于 GC-MS
离子阱分析器	主体结构由一个环电极和上、下两个端盖电极组成的绕 z 轴双曲面,直流电压和射频电压加于两者之间,处于稳定区内的离子会长时间留在阱内,不稳定区的离子会撞击到电极上而消失。通过扫描射频电压值,使阱中离子的轨道依次变得不稳定,从而将离子从低质荷比到高质荷比依次甩出阱外	结构小巧、质量轻、灵敏度高,既可以与 GC 联用,又可以与 LC 联用
单聚焦分析器	正离子受到电压的加速,加速后的离子进入磁分离器后在外加磁场的作用下运动方向发生偏转。固定条件下,运动半径由离子质荷比决定,由于运动半径不同而在磁分离器中得到分离	由于初始能量的差异,相同质荷比的相离离子,不能全部聚集到一起,因此其分辨能力低,适合于与离子能量分散较小的离子源(如 FAB、CI 等)组合使用
双聚焦分析器	相比于单聚焦分析器,它能够同时实现方向和能量聚焦,通过将静电场分析器置于离子源和磁场之间,当加速离子束进入静电场后,只有动能与其曲率半径相同的离子才能通过狭缝进入磁分离器	可以与能量分散的离子源结合使用,分辨能力高
飞行时间分析器	产生的离子经过脉冲电场加速,加速的粒子导入漂移管(自由空间),因进入管中的离子具有理论上相同的动能,它们在管中的速率与质量成反比,轻离子将早于重离子飞出	分析质量范围宽,扫描速度快。但由于其存在时间、空间和能量分散作用,分辨能力受限。近年来,激光脉冲电离方式、离子延迟引出技术和离子反射技术的发展,在很大程度上克服了以上三个限制因素

5. 检测器

经质量分析器分离后流出的离子,到达检测系统进行检测,即可得到按质荷比依次排列的质谱图。检测器和记录器主要有三种,电子倍增管、法拉第管和照相板,广泛应用的是电子倍增管。其中,电子倍增管的工作原理为加速的离子轰击电子倍增管的转换极(不加电压),发射出二次电子,然后被后续的一系列次级电子发射极(又叫倍增极,加有100~300 V电压)放大,最终发射出倍增数量的电子。电流信号的大小可通过提高倍增管数量来实现。

6. 工作原理

质谱仪通过进样系统使少量试样蒸发气化,并让其慢慢进入电离室,此时,电离室中呈气态的试样原子或分子被电子流离子化为正、负离子(一般只分析正离子),通过微小负电压将正负离子分开,借助于电压将正离子加速,正离子流通过狭缝进入质量分析器中,根据离子质荷比不同,其偏转角度不同(或飞行时间不同),从而使不同质荷比的离子得到分离。

1.4.2　气相色谱-质谱联用仪

GC-MS(气质联用)技术结合了气相色谱(GC)和质谱(MS)的优点,具有GC的高效分离能力和MS的高灵敏度、强鉴别能力。它由四个单元组成,分别是气相色谱单元、接口、质谱单元和计算机系统。接口是连接气相色谱单元和质谱单元的重要部件,气相色谱分离的化合物分子经过接口传递到质谱的离子源当中进行离子化。接口的作用在于尽可能多地去除载气、保留样品,使色谱柱的流出物转变成真空态分离组分,且传输到质谱仪离子源中。待分析组分在载气携带下从气相色谱柱流入离子源形成带电粒子,而载气不发生电离而被真空泵抽走。接口温度应略低于柱温,但不应出现"冷区"。气质联用系统接口的技术难点在于GC和MS之间存在压力差。在气质联用的发展过程中,出现了很多接口形式,如分子流式分离器、有机薄膜分离器、钯-银管分离器等。目前,由于毛细管色谱柱的广泛使用,GC的流量大大降低,GC-MS接口多采用将柱径较小(小于0.25 mm)的毛细管色谱柱直接接入离子源中,接口仅仅是一段传输线。目前,商品中按质量分析器将常见的气质联用仪分为双聚焦质谱仪、四极杆质谱仪和离子阱质谱仪等。

1.4.3　液相色谱-质谱联用仪

与GC-MS类似,LC-MS(液相色谱-质谱联用仪)由四部分组成,分别是液相色谱单元、接口(兼具离子源的功能)、质谱单元和计算机系统。液相色谱-质谱联用技术结合了LC的高效分离能力与MS的高灵敏度和极强的专属性的分离检测技术。它具有应用范围广、分离能力强、灵敏度高、分析速度快和自动化程度高等特点,目前已成为有机物分析的重要方法之一,既可以分析 GC-MS 所不能分析的强极性、难挥发、热不稳定的化合物,还可以分析大分子量化合物,包括蛋白、多肽、多聚物等,尤其适用于药物合成、药物代谢、食品检测、农药残留及环境分析等领域样品中的高沸点、不易挥发的高分子量有机化合物的分析。

实现液相色谱和质谱联用的重要部件是接口,它兼具离子源的作用。纵观“接口”技术发展史,液质联用的接口技术难度要大于气质联用。原因在于液相色谱的流动相是液体分子,而质谱检测的是气体离子,故接口技术需要解决流动相液体的挥发去除和极性大分子被分析物质的离子化难题。多年来,科研人员曾先后提出过近 30 种接口(Interface)技术,在一定程度上使用的有:热喷雾(TS)、粒子束(PB)、连续流动快原子轰击(CFFAB)、大气压化学电离(APCI)、电喷雾电离(ESI)等几种,目前应用最广泛的离子源有 APCI 和 ESI,特别是 ESI 方法的出现,使液相色谱质谱联用取得了突破性的发展。商品中按质量分析器划分,常见的液质联用仪有单/双聚焦质谱仪、四极杆质谱仪、离子阱质谱仪、飞行时间质谱仪、傅里叶变换离子回旋质谱仪及三重四极杆质谱仪等串联质谱仪。各种类型的 LC-MS 原理都是以高效液相色谱(LC)作为分离系统,质谱(MS)为检测系统。样品随流动相经色谱柱分离,在离子源(接口)被离子化后,经质谱的质量分析器将离子碎片按质量数分开,经检测器得到质谱图。

第2章　原子发射光谱分析技术

2.1　概　　述

原子化器能将试样转变成原子或简单的元素离子，并将部分试样激发到较高的电子能级，被激发的物质通过发射紫外光区和可见光区的谱线迅速完成弛豫，原子发射光谱（Atomic Emission Spectrometry，简称AES）则是利用这些谱线出现的波长及其强度进行定性和定量分析。

原子发射光谱仪的发展历程实际上就是寻找兼具试样原子化和激发功能的高温稳定光源的历程。将试样原子化并激发的方法有火焰、电弧（包括交流和直流）和电火花光源，还包括现已广泛应用的电感耦合等离子体（Inductively Coupled Plasma，简称ICP）激发光源。几种光源除直流电弧外均较稳定，其中火焰稳定性很好，但温度低，处于2 000～3 000 K范围，而其他光源可达到4 000～10 000 K。对试样进行分析时，可依据试样的性质（如挥发性、电离电位等）、状态（如块状、粉状、溶液）和含量高低，以及光源的特性（如蒸发、激发、放电稳定性）来选择光源。

根据激发机理不同，原子发射光谱有三种类型：①通常所称的原子发射光谱法是指以电弧、电火花和电火焰（如ICP等）为激发光源得到原子光谱的分析方法，是原子的核外光学电子受热能和电能激发而发射的光谱；②原子核外光学电子受到光能激发而发射的光谱，称为原子荧光光谱（Atomic Fluorescence Spectrometry，简称AFS）；③原子受到X射线光子或其他微观粒子激发使内层电子电离而出现空穴，较外层的电子跃迁到空穴，同时产生次级X射线即X射线荧光（X Ray Fluorescence，简称XRF）。

2.2　电感耦合等离子体发射光谱仪

电感耦合等离子体发射光谱仪由光源、进样系统、分光系统、检测系统及其他外部设备（如循环冷却水仪、空气压缩机）组成。

2.2.1　光源

光源部分包括射频发生器模块、高压电源模块和等离子体气路模块。

等离子体、电弧和电火花具有在一定激发条件下，可同时获得多元素的发射光谱的优势,这为定性分析提供了大量信息,但因发射光谱通常十分复杂,所以又给定量分析增加了光谱干扰的可能性。因此,由于等离子体、电弧和电火花发射光谱等高能发射方法的缺陷,其并不能完全替代将火焰和电热原子吸收用于无机元素的测定的方法。等离子体是指含有相等浓度的阴、阳离子且净电荷为零的气体混合物,其中不但含有大量的电子和离子,且电子和正离子的浓度处于平衡状态,还含中性原子和分子,从整体来看是处于中性的。通常利用氩气等惰性气体形成的离子吸收外光源,以获得足够的能量,并将温度保持在支撑电导等离子体进一步离子化。高温等离子体包括三种类型:①电感耦合等离子体(Inductively Coupled Plasma,简称 ICP);②直流等离子体(Direct Current Plasma,简称 DCP);③微波感生等离子体(Microwave Induced Plasma,简称 MIP)。其中电感耦合等离子体光源应用最广。

1. 射频发生器

射频发生器(Radio Frequency Generator,RFG)分自激式和他激式(晶控型)振荡器两种类型。振荡频率常为27.12 MHz和40.68 MHz,输出功率在0.7 ~ 7 kW(常用1.0 ~ 2.0 kW)。自激式振荡器线路简单,振荡、激励、功率放大都由一个电子管同时完成,易与负载阻抗相匹配,易于点燃等离子体,但频率稳定性稍差。他激式振荡器由晶体振荡、倍频、激励、功率放大等部分组成,频率稳定性高,但对输出阻抗的匹配要求较严,一般还配备阻抗匹配网络和稳定输出功率的定向耦合器等。一般要求高频发生器具有稳定的功率输出,对测量系统无电学干扰,功率转换效率高以及频率尽可能稳定等。

2. 等离子体气路

等离子体气路由三层同心管(双层石英炬管和刚玉中心管)组成,作为工作气体通道,为ICP焰炬的形成提供场所。ICP光源自问世以来主要是在氩气氛围中工作,工作气体的三股气流起的作用各不相同,最外层为冷却气,中间层为辅助气,最内层为雾化气(又称为载气或样品气溶胶)。

(1)冷却气:也称作等离子体气,沿切线方向引入外管,主要起冷却作用,保护石英炬管免被高温所熔化,使等离子体的外表面冷却并与管壁保持一定的距离。同时,通过切线方向进气可利用其离心作用在管炬中心产生低气压通道,有利于进样。冷却气的流量约为0 ~ 20 L/min,视功率的大小以及炬管的大小、质量与冷却效果而定。

(2)辅助气:通入中心管与中层管之间,其流量在0 ~ 2 L/min,作用是“点燃”等离子体,并使高温的ICP底部与中心管、中层管保持一定的距离,保护中心管和中层管的顶端,尤其是中心管口不被烧熔或过热,避免气溶胶所带的盐分过多地沉积在中心管口上。另外它又起到抬升ICP,改变等离子体观察度的作用。

(3)雾化气:作用之一是作为动力在雾化器将样品的溶液转化为粒径只有1 ~ 10 μm的气溶胶;作用之二是作为载气将样品的气溶胶引入ICP;作用之三是对雾化

器、雾化室、中心管起清洗作用。雾化气的流量一般在 0 ~ 2 L/min。

典型 ICP 光源示意图如图 2.1 所示。在等离子体火炬的不同区域内,温度是不一样的,根据温度的不同分为预热区、诱导区、初始激发区、正常分析区和尾焰区。通常是在感应线圈上 15 ~ 30 mm 处进行观察和测量。

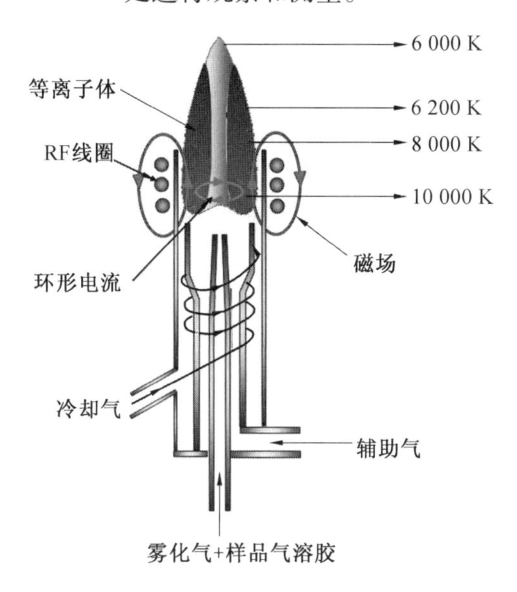

图 2.1　典型 ICP 光源示意图

3. ICP 焰炬的形成

ICP 焰炬形成的三个基本条件:高频电磁场、工作气体(氩气,纯度不低于 99.996%)及能维持气体稳定放电的 ICP 装置。另外还需要通风、切割气(可采用空气或氮气,考虑到成本,一般选择空气作为切割器,由空压机提供)和吹扫气(高纯氮气)。切割气用于切割 ICP 焰炬尾焰;通常在测量 200 nm 以下谱线时,光学系统需要进行吹扫,氩气和氮气都可以用作吹扫气,推荐使用纯度为99.999% 的氮气,其费用较低。

点火过程:感应线圈由高频电源耦合供电,当有高频电流通过线圈时,产生垂直于线圈平面的磁场。开始时,炬管中的原子氩并不导电,因而也不会放电。当点火器的高频火花放电在炬管内使少量氩气电离时,一旦在炬管内出现了导电的粒子,由于磁场的作用,其运动方向随磁场的频率变化而振荡,并形成与炬管同轴的环形电流。如果通过高频装置使内管中的氩气电离,则氩离子和电子在电磁场作用下又会与其他氩原子碰撞产生更多的离子和电子,当离子和电子多到足以使气体有足够的导电率时,在垂直于磁场方向的截面上就会感生出流经闭合圆形路径的涡流,强大的电流产生高热又将气体加热,瞬间使气体形成最高温度可达 10 000 K 的稳定的等离子体焰炬。感应线圈将能量耦合给等离子体,并维持等离子体焰炬。当载气载带试样气溶胶通过等离子体时,被后者加热至6 000 ~ 7 000 K,并被原子化和激发产生发射光谱。

2.2.2 进样系统

进样系统包括炬管模块、雾化器和雾化室模块等。

1. 炬管模块

炬管模块包含石英炬管、刚玉或石英材料的中心管。详见2.2.1节中的等离子体气路。

2. 雾化器和雾化室模块

雾化器和雾化室模块包括雾化器、端帽和雾化室,如图2.2所示。常用的雾化器有气动雾化器、旋流雾化器和超声雾化器等。气动雾化器利用载气流将液体试样雾化成细微气溶胶状态并输入等离子体中。PerkinElmer的Optima型ICP-OES有两种配置(图2.3),一种是宝石喷嘴十字交叉雾化器与耐氢氟酸的Ryton材料双路Scott型雾化室,另一种是同心雾化器与旋流雾室。前一种配置对样品要求较低,可测酸性(含氢氟酸)和碱性溶液,样品盐分也可以高一些;后一种灵敏度较高,对于盐分低于1%的水溶液和稀硝酸溶液可获得优异的灵敏度和精密度,可通过载气负压自吸样品,样品中不能含氢氟酸。

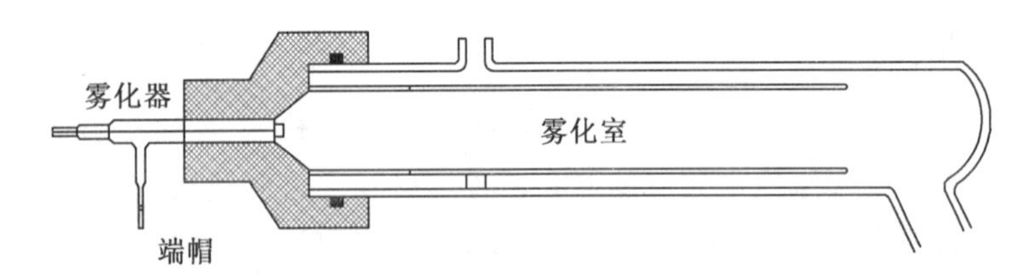

图2.2 雾化器和雾化室模块切面图

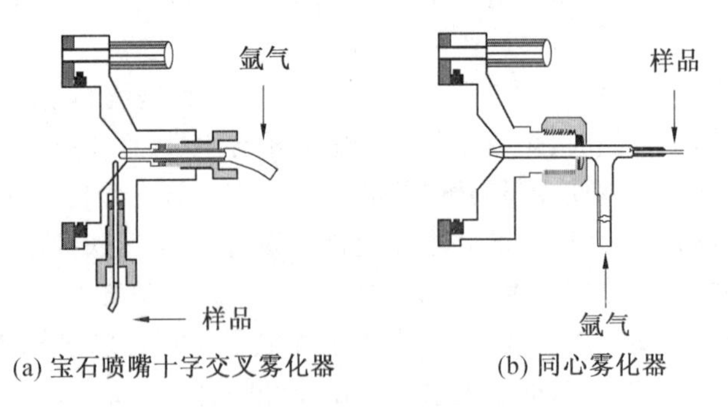

图2.3 雾化器切面图

宝石喷嘴十字交叉雾化器适于分析各种水溶液及无机酸样品，包括含氢氟酸以及盐分低于5%的样品，是通用性最强的雾化器，Ryton材料的雾化室可快速冲洗、有极低的记忆效应，信号在30 s之内降低3个量级。PerkinElmer有三种型号的玻璃同心雾化器，分别为通用型、耐高盐型和低流量型，其中，耐高盐型可分析盐分高达20%的样品，低流量型的适于分析有机样品及As、Se等难激发的元素以及地质、矿物等解离的样品。

3. 试样的导入过程

试样通过载气流、带入中心管前需要转化成气体，液体试样进入载气流可采用气溶胶进样，它要求将试样转化成溶液，然后以雾化器形成气溶胶引入等离子体，最常用的雾化器有气动雾化器和超声雾化器。样品经雾化器被气动力吹散击碎成粒径在1~10 μm之间的细粒，与氩气混合后由中心管注入ICP中，雾滴在进入ICP之前，经雾化室除去大雾滴使到达ICP的气溶胶微滴快速地去溶、蒸发和原子化。对液体和固体试样引入氩气流的另一种方法是电热蒸发，类似于电热原子化，但电热的目的是蒸发而不是原子化。

等离子体焰炬形成后，内管中载气（流量约为0.5~3.5 L/min）便在等离子焰炬的轴部钻出一条通道，所载带的样品气溶胶（由雾化器提供）到达等离子焰炬中而被环形外区（或称感应区）加热至6 000~7 000 K，进行蒸发和原子化，并运输至高频感应线圈以上适当高度的标准分析区，以进行原子或离子的激发而产生发射光谱。

2.2.3　分光系统

分光系统的主要作用是将从光源发射出的具有各种波长的辐射，借助于分光器件，按波长顺序展开，而获得光谱。原子发射光谱的分光系统目前采用棱镜和光栅两种单色器。全谱直读等离子体发射光谱仪采用中阶梯光栅，它具有小体积、高色散、高分辨率等特点，代表了先进光谱技术的发展趋势。线色散率、分辨率、集光本领是评价光谱仪性能的重要指标，而这些指标的性能又主要取决于所采用的色散元件，即光栅。

1949年，美国麻省理工学院的Harrison教授摆脱常规光栅的设计思路，从增加闪耀角β，利用“短槽面”获得高光谱级次（$m=28\sim200$）着手，用增加两刻线间距离d的方法研制成中阶梯光栅（Echelle），这种光栅刻线数目较少（8~80条）。因此，中阶梯光栅是通过增大闪耀角、光栅常数和光谱级次来获得高分辨能力的。但由于当时无法解决光谱级次间重叠的问题，在20世纪50、60年代未受到重视，直到70年代实现了交叉色散，将一维光谱变为二维光谱，即二维光谱技术的出现，中阶梯光栅才得到实际应用。二维色散技术是通过在垂直于中阶梯方向用一个低色散光栅或棱镜,将各级次光谱色散开,在水平方向用一个光栅或棱镜将同一级光谱内的各波长辐射色散。中阶梯光栅双光路二维色散分光系统在 165 ~ 403 nm 范围采用的是中阶梯光栅和交叉色散光栅组合;在 403 ~ 782 nm 范围采用的是中阶梯光栅和交叉石英棱镜组合。由于中阶梯光栅光谱是二维色散光谱,只需很小的谱区面积就可以容纳范围广的光谱区。

中阶梯光栅光谱的二维色散技术工作原理为:光源发出的光通过两个曲面反光镜聚焦于入射狭缝,入射光经抛物面准直镜反射成平行光,照射到中阶梯光栅上使光在 X 轴向上色散,再经另一个光栅(Schmidt 光栅)在 Y 轴向上进行二次色散,使光谱分析线全部色散在一个平面上,并经反射镜反射进入检测器检测。

2.2.4 检测系统

原子发射光谱的检测目前采用摄谱法和光电检测法两种。摄谱法用感光板来记录光谱,而光电检测法利用光电倍增管(Photomultiplier Tube,简称 PMT)或电荷耦合器件(Charge-coupled DeVice,简称 CCD)实现光电转换,以此来接收与记录光谱。CCD 是一种多道光学检测器件,由许多紧密排布的对光敏感的 MOS(Metal Oxide Semiconductor)电容器组成,具有光电转换效率高、波长响应范围宽、低温下暗电流几乎为零、动态线性响应范围宽、阵列结构多通道同时分析并可在灵活地选择分析线的同时测量光谱背景等许多优点。

在原子发射光谱中多采用 CCD 检测器,它具有同时多谱线检测能力,可很大程度提高发射光谱分析速度。如以 CCD 为检测器的全谱直读等离子体发射光谱仪,可在 1 ~ 1.5 min 内完成样品中 70 余种元素的同时测定。

2.2.5 工作原理

原子发射光谱法包括了三个主要的过程:①由光源提供能量使样品蒸发、形成气态原子、并进一步使气态原子激发而产生光辐射;②将光源发出的复合光辐射经分光系统分解成按波长顺序排列的谱线,形成光谱;③用检测器检测光谱中谱线的波长和强度。

2.3 原子荧光光谱仪及其联用技术

原子荧光光谱(AFS)分析技术是 20 世纪 60 年代提出并在近年取得很大发展的、成熟可靠的光谱分析技术,它兼具了原子吸收光谱法和原子发射光谱法两种分析技术的优势,并完善了原有方法的不足之处,对大约 5 ~ 10 种元素的灵敏度要比原子发射光谱法和原子吸收光谱法高,另外其具有化学干扰小、线性范围宽等特点,是痕量分析技术的手段之一。原子荧光光谱分析技术虽然具有高度的元素专一性和灵敏度,但其没有价态或形态的分析能力,因此这就要求将 AFS 与各种分离技术联用。色谱分离因其使用灵活、多变,分离能力强而得到了广泛的重视,成为当前与 AFS 联用分析某些元素价态或形态的主要分离技术。

早在 1977 年,Van Loon 等就已经开展了色谱和 AFS 联用的工作,但早期的 AFS 采用直接进样技术,虽然检测元素种类较多,但干扰重、灵敏度低,并不能完全体现出 AFS 联用技术的优势,所以发展较慢。直到将蒸汽发生技术、样品导入技术引入 AFS 中之后,消除了基体干扰,大大提高了 AFS 检测的灵敏度,色谱和 AFS 联用才得到了快速的发展,特别是液相色谱与 AFS 的联用,已经成为了检测 As、Se、Sb 等元素不同化学形态的最灵敏手段之一。下面将对液相色谱与 AFS 联用(LC-AFS)分析检测元素不同化学形态和价态进行重点介绍。

目前国内液相色谱与 AFS 联用主要由色谱分离系统、联用接口和原子荧光光谱检测系统三部分组成。

2.3.1 色谱分离系统

色谱分离系统主要是指高效液相色谱,前文已有详细描述,主要包括:进样系统、色谱分离系统和高压输液系统等。与 AFS 联用时一般无检测系统,检测系统由原子荧光光谱仪充当。这部分主要以液体为流动相,利用混合物中各组分与固定相和流动相之间相互作用能力的差异进行元素不同形态或价态的分离分析。

2.3.2 联用接口

联用接口部分并没有明确的接口单元概念,仅作为蒸汽发生部分的一个进样通道,可称为直接连接型接口,此接口只是一个简单的三通,使得液相流出液和硼氢化钾、盐酸在其中混合反应产生氢化物或气态蒸汽,再通过气液分离器分离,用氩气带入 AFS 仪器中进行检测。

2.3.3 原子荧光光谱检测系统

原子荧光光谱检测系统的主要作用是将由液相色谱分离后随流动相顺序流出的各组分反应产生的气态氢化物或气态蒸汽,通过原子荧光检测系统对产生的原子荧光信号分别进行检测,由于各组分产生的原子荧光信号在低浓度时与各组分的浓度呈线性相关,因此通过数据处理系统进行计算即可得出待测样品中各组分的含量值。

2.3.4 LC-AFS 工作原理

LC-AFS 主要是通过对样品进行提取净化,经液相色谱(LC)在线分离,通过在线紫外消解，再与还原剂反应后进入 AFS 原子化测定，此法快速简单、峰形尖锐，可用于能够形成氢化物的金属和半金属元素的形态分析，如砷、汞等元素。其工作原理简图如图 2.4 所示。

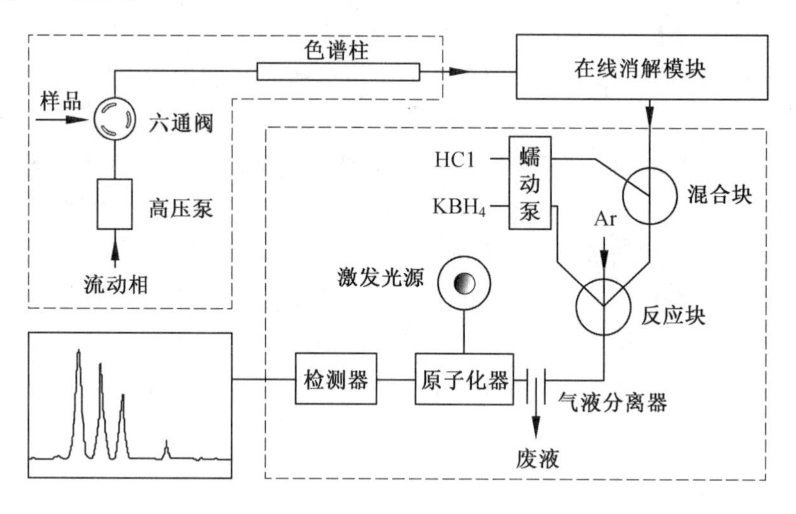

图 2.4　LC-AFS 工作原理简图

第3章　显微分析技术

3.1　概　　述

显微分析能获得试样的微观组织结构信息,是一种重要的测试技术。各种显微分析设备是许多领域研究和了解固体表面物理化学性质的必备工具,它可揭示试样的基本性质和规律。四种常用的显微仪器,包括基于电子显微镜(Electron Microscope,简称 EM)分析技术的扫描电子显微镜(Scanning Electron Microscope,简称 SEM)和透射电子显微镜(Transmission Electron Microscope,简称 TEM),基于扫描探针显微镜(Scanning Probe Microscope,简称 SPM)分析技术的原子力显微镜(Atomic Force Microscope,简称 AFM)和扫描隧道显微镜(Scanning Tunneling Microscope,简称 STM)。表 3.1 列出了四种常用显微分析技术的成像原理及各自的分析对象。

表 3.1　常用的显微分析技术

显微分析技术	成像原理	分析对象
SEM	SEM 成像是利用细聚焦高能电子束在样件表面激发各种物理信号,如二次电子、背散射电子等,其中二次电子是 SEM 所检测的主要信号。试样表面高低起伏,扫描电子束轰击角度和方向不同,所激发的二次电子数量及二次电子向空间散射的角度和方向也不同,最终导致经检测和放大得到的二次电子信号强弱不一样,表现为成像的亮度不一样	主要观察试样的显微结构,一般只能提供微米或亚微米级的形貌信息,主要反映试样外表立体形貌,配合能谱使用可用于表面元素的定性和半定量分析
TEM	TEM 成像是把经加速和聚焦的电子束投射到非常薄的样件上,电子与样品中的原子因碰撞而改变方向,从而产生立体角散射。散射角的大小与样品的密度、厚度相关,因此,可以形成明暗不同的影像,影像经放大、聚焦后在成像器件上显示	观察试样内部的超显微结构,可用于纳米级别试样分析。高分辨 TEM 可以得到原子级的样品图像

续表 3.1

显微分析技术	成像原理	分析对象
AFM	将一个对微弱力极敏感的微悬臂一端固定,另一端有一微小的针尖,由于针尖尖端原子与样品表面原子间存在极微弱的作用力,通过在扫描时控制这种力的恒定,带有针尖的微悬臂将在垂直于样品的表面方向起伏运动,测出微悬臂对应于扫描各点的位置变化,由显微探针受力的大小就可以直接换算出样品表面的高度,从而获得样品表面形貌的信息	既能分析导体又能分析非导体,是一种分辨率极高且能三维成像的表面形貌分析技术
STM	STM 可以观察和定位单个原子,具有比它的同类 AFM 更高的分辨率。一个小小的电荷被放置在隧道探针上,一股电流可从隧道探针流出,通过整个材料到底层表面。针尖在样品表面扫描时,即使表面只有原子尺度的起伏,也将通过隧道电流显示出来。当探针通过单个的原子,流过探针的电流量便有所不同,这些变化被记录下来,再利用计算机的测量软件和数据处理软件将得到的信息处理成三维图像在屏幕上显示出来。单原子操纵:用探针把单个原子从表面提起而脱离表面束缚,横向移动到预定位置,再把原子从探针重新释放到表面上,可以获得原子级别的图案	主要用于导体的研究,观察试样的超显微结构

传统方法中,人们利用光学显微镜来观察人眼所不能分辨的微小物体,虽然至今仍在延用,但是其受衍射效应和使用的波长限制的影响,分辨率较低,放大倍数有限。电子显微镜技术的应用是在光学显微镜的基础之上建立起来的,具有较高的分辨率和放大倍数,在此基础上还可获取表面形貌、粒子直径等信息。以 AFM 和 STM 为代表的扫描探针显微镜具有原子级高分辨率,可观察单个原子在物质表面的排列状态和与表面电子行为有关的物化性质,可对扫描所得的三维形貌图像进行粗糙度计算,厚度、步宽、方框图或颗粒度分析。

电子显微镜和电子探针所检测和分析的信号来源于电子束与固体之间的作用,它们之间的相互作用可产生三类信号:①未散射的电子,如部分透射电子;②散射电子,包括弹性、非弹性反射电子,吸收电子和部分透射电子等;③激发电子,包括二次电子及俄歇电子、X射线荧光等。当一束具有能量的电子轰击固体试样表面时,电子穿透固体试样具有一定深度的表面层,可产生两种相互作用,一种为弹性碰撞,另一种为非弹性碰撞。电子与原子发生弹性碰撞时,一些电子的方向发生从0°~180°的随机改变,而速度几乎不受影响,即动能几乎不变。一些电子因发生非弹性碰撞逐渐失去能量并留在固体内,成为吸收电子,而多数电子经多次碰撞逐渐逸出表面成为背散射电子,背散射电子束因其直径比入射电子束的直径大很多,限制了电子显微镜的分辨率。

如果分析试样足够薄,就会有一部分入射电子穿透样品而成为透射电子,其中有部分透射电子因发生弹性散射而无能量损失,而发生非弹性散射碰撞的透射电子会有各种不同能量的损失。这些受到特征能量损失的电子与分析区域的成分有关,因此通过特征能量损失电子配合电子能量分析器可进行微区成分分析。

试样受激发后随之发射多种信号,如二次电子和俄歇电子、背散射、X射线荧光及其他能量的光子。二次电子是由高能电子束与固体试样中弱键合导电电子作用而产生的,与背散射电子能够一起被观测到,其数目一般为背散射的1/5~1/2,直径稍大于入射束,可通过检测室前端加反向附压而得到消除。X射线发射是电子微探针技术的检测基础,由固体试样产生,为连续谱线。用来检测X射线特征能量的谱仪称为能量分散谱仪(Energy Dispersive Spectrometer,简称EDS)或能谱仪,配备到电子显微镜上,可以对微米数量级侧向和深度范围内的试样微区进行化学成分分析。

3.2 透射电子显微镜

1932年,德国物理学家Ernst Ruska和Max Knoll发明了以电子束为光源的透射电子显微镜(简称透射电镜)。近年来,随着透射电子显微镜技术的发展,它被认为是同时获得研究对象外形特征、原子排列信息、成分信息和晶体学结构信息最有效的方法。扫描电子显微镜因制样简单、使用方便而往往是微观分析的首选,然而在需要对样品内部结构进行观测时,必须选用透射电子显微镜。相对于X射线衍射(X-ray Diffraction,简称XRD)来说,TEM电子衍射的散射能力远远大于X射线的散射能力,这为微小晶体结构的分析测试提供了有力的研究工具,但不能像X射线衍射那样从测量衍射强度来广泛地测定结构。另外,它利用会聚束电子衍射,可以获得样品的三维衍射信息,便于物相的点群、空间群的对称性分析。

透射电镜根据分辨率高低可划分为常规透射电镜(Common Transmission Electron Microscope,简称CTEM)和高分辨透射电镜(High-Resolution Transmission Electron Microscope,简称HRTEM)。高分辨和普通透射电镜的基本结构相同,主要由电子光学系统、真空系统和供电系统组成。其中电子光学系统是透射电子显微镜的核心,它的光路基本结构如图3.1所示。高分辨透射电镜可直接给出晶体中局部区域的原子配置情况,如晶体中各界面及表面处的原子分布、晶体缺陷和微畴等。透射电子显微镜可与多种设备相结合，透射与扫描两种电镜相结合，能形成兼具透射与扫描功能的扫描透射电镜（Scanning Transmission Electron Microscope，简称 STEM），如配备冷冻装置则组成冷冻透射电镜（Cryo-TEM），用于观测蛋白、生物切片等对温度敏感的样品。与 EDS、WDS 和 EELS 等相结合，形成带有样品分析功能的透射电子显微镜。

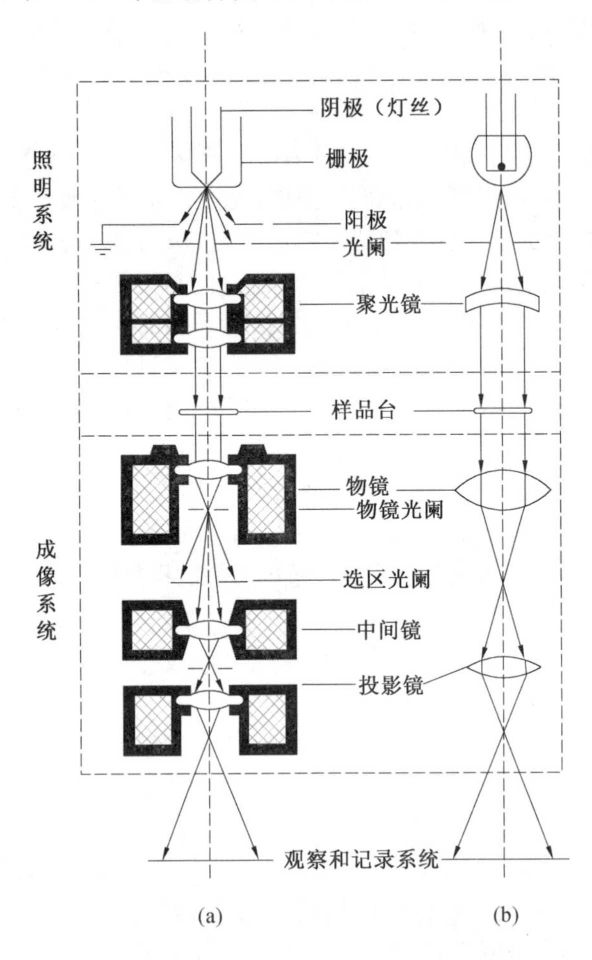

图 3.1　透射电子显微镜光路基本结构

3.2.1　电子光学系统

电子光学系统又称镜筒，由照明系统、成像系统和观察记录系统组成。

1. 照明系统

照明系统的作用是提供一束高亮度、照明孔径角小、平行度好和束流稳定的照明源，由电子枪和聚光镜组成。为满足明场和暗场成像需要，电子束可在 2° ~ 3° 范围内倾斜。

(1)电子枪。

与扫描电子显微镜相似,电子枪也是透射电子显微镜的电子发射源,对于低分辨电子显微镜常用的是热阴三极电子枪,但是加速电压比扫描电子显微镜高。在高性能的透射电镜中多采用场致发射电子枪。场致发射电子枪有三种类型:钨单晶作冷阴极(工作温度为室温,冷场),钨单晶作热阴极(工作温度为1 800 K,冷场)和 ZrO/W 单晶作肖特基式阴极(工作温度为 1 800 K,热场)。其中肖特基式阴极场致发射电子枪因在高温下电子发射稳定、闪烁噪音小、可在低真空度下工作,而越来越多地用在 SEM、TEM 等电子光学仪器中。

(2)聚光镜。

一般采用双聚光镜系统来会聚电子枪射出的电子束,可较大范围调节电子束斑大小、强度,以限制样品被照射面积,可减少电子束发散性。第一个聚光镜是强磁透镜,具有会聚作用,配有一个固定光阑,可将电子枪第一交叉点处的束斑缩小 10 ~ 50 倍(ϕ1 ~ 5 μm);第二个聚光镜是弱磁透镜,将电子束进一步聚焦,当束斑一次像位于第二聚光镜的略小于两倍焦距位置上时,可将束斑一次像放大 2 倍左右,最终在样品平面上获得 ϕ2 ~ 10 μm 的照明电子束,配有一个可变光阑来实现放大倍率调节。

2. 成像系统

当电子束透过样品后,透射电子会带有样品微区结构及形貌信息,并进入成像系统中。成像系统会将来自样品、反映样品内部特征的、强度不同的透射电子聚集、放大、成像,并投影到荧光屏或照相底片上,转变为可见光图像或电子衍射花样。成像系统主要由物镜、中间镜和投影镜等组成。

(1)物镜。

物镜是一个强激磁、短焦距的透镜,其作用是形成第一幅高分辨率的电子显微图像或电子衍射花样。携带样品信息的电子束穿透样品后,沿各自方向传播。物镜将来自样品不同部位、相同方向的电子束,在物镜背焦面上会聚成一个焦点。不同方向的电子束所形成的不同斑点,在物镜背焦面上形成电子衍射花样。

透射电子显微镜的分辨率主要取决于物镜分辨率,降低球差(像差)是实现高物镜分辨率的手段。可通过减小极靴的内孔和上下极靴之间的距离,或在物镜的后焦面上安放一个物镜光阑来实现降低球差(像差)。另外,物镜的任何缺陷将被成像系统中的其他透镜放大,因此物镜加工的精密程度会在一定程度上影响物镜的分辨率。高分辨透射电子显微镜与普通透射电子显微镜基本结构相同,最大区别在于前者配备了高分辨物镜极靴和光阑组合,以减小样品台倾转角,从而获得较小的物镜球差系数。20 世纪 80 年代末期,物镜的球差系数已降至 0. 5 mm,加速电压为 200 kV 的高分辨透射电镜分辨率达到了 0. 19 nm。

(2)中间镜。

中间镜是一个弱激磁、长焦距的变倍率透镜,放大倍数在 0 ~ 20 倍范围内调节,其作用是将物镜形成的一次像或衍射像投射到投影镜的物平面上，形成第二幅高分辨率的电子显微图像或电子衍射花样。当中间镜的物平面和物镜的背焦面重合时，在荧光屏上得到一辐电子衍射花样；当中间镜的物平面和物镜的像平面重合时，则在荧光屏上得到一辐放大像。电镜操作中，主要是利用中间镜的可变倍率来调节总放大倍率，当放大倍率大于1时，用来放大物镜像；反之，用来缩小物镜像。高性能透射电镜采用5级放大方式，其中中间镜配有2级。

(3)投影镜。

投影镜和物镜一样，是一个强激磁、短焦距的透镜，其作用是把中间镜放大或缩小的像(或电子衍射花样)进一步放大，并投影到荧光屏上，放大倍数约200。5级放大的高性能透射电镜有2个投影镜。

(4)样品台和倾斜装置。

样品台的作用是承载样品，并能使样品在物镜上、下极靴孔内平移、倾斜、旋转，以便对特定样品区域进行多角度观察。由于样品可操作空间很小，所以透射电镜的样品在要求薄的同时也需要很小，通常是直径3 mm、厚度约50 nm的圆形超薄切片。部分样品需要铜网夹持。

透射电镜常见的样品台有2种：①顶入式样品台：要求样品室空间大，一次可放入多个(常见为6个)样品网，样品网盛载杯呈环状排列。使用时可以依靠机械手装置进行依次交换。观察完多个样品后才破坏一次样品室的真空，比较方便、省时间，但所需空间太大，致使样品距下面物镜的距离较远，不适于缩短物镜焦距，会影响电镜分辨力的提高。②侧插式样品台：一次不能同时放入多个样品网，每次更换样品必须破坏一次样品室的真空。“侧插”是指样品杆从侧面进入物镜极靴中，样品台的主体部分是样品杆，为圆柱状杆结构，片状薄晶体样品或铜网夹持样品可直接装载在前端。样品台的体积小，所占空间也小，可以设置在物镜内部的上半端，有利于电镜分辨率的提高。在性能较高的透射式电镜中，大多采用的就是侧插式样品台，目的是最大限度地提高电镜的分辨能力。高档次的电镜可以配备多种式样的侧插式样品台，某些样品台通过金属联接能对样品网加热或者制冷，以适应不同的用途。

在分析样品组织结构时，有时需要进行三维立体观察。这不仅要求对样品进行平移，而且必须使样品相对于电子束照射方向做有目的的倾斜。倾斜装置使用最普遍的是“侧插式”样品台，它的主体部分除样品杆外，还有一个圆柱分度盘，分度盘的水平轴是样品台的倾斜轴，与镜筒的中心线垂直相交，当样品倾斜时，在分度盘上可读出样品倾斜度数。有的样品杆除带有样品倾斜装置外，还具有原位旋转功能。利用样品倾斜和旋转装置可测定晶体的位向、相变时的惯习面及析出相的方位等。图3.2为侧插式样品台插入样品室后的剖面示意图。

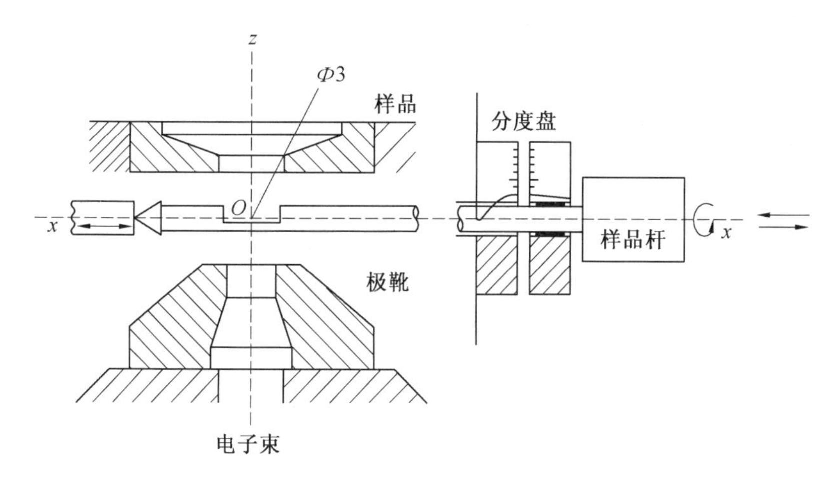

图3.2 侧插式样品台插入样品室后的剖面示意图

3. 观察记录系统

观察记录系统包括荧光屏和照相底片。荧光屏包括大屏和小屏,均为圆形,可依据成像模式和放大倍数来选择。通常采用在暗室操作情况下人眼较敏感的发绿光的荧光物质来涂制,这样有利于高放大倍率、低亮度图像的聚焦和观察。在荧光屏下面放置一个可以自动换片的照相暗盒,电子图像记录设备位于照相室内,与荧光屏同轴。常用的电子图像记录设备包括电子感光胶片、慢扫描CCD相机、视频摄像机和成像板等。电子感光片是一种红色盲片,是一种对电子束曝光敏感、颗粒度很小的溴化物乳胶底片。由于电子与乳胶相互作用很强,所以照相曝光时间很短,只需要几秒钟。高分辨透射电子显微镜与普通透射电子显微镜的一个区别表现在图像的观察记录系统上。高分辨透射电镜记录设备通常配备TV图像增强器或慢扫描CCD相机,它们可将电子显微镜图像或电子衍射花样的电子光信号转变成电信号,并转到计算机显示器上,十分便于图像观察、保存和电子显微镜调节。为了拍摄出清晰、曝光均匀的照片,必须具备设计合理的照相快门结构。早期,照相快门为构造简单、曝光不均匀的手动快门;新型电子显微镜均采用电磁快门,与荧光屏动作密切配合,曝光均匀;有的还装有自动曝光装置,根据荧光屏上图像的亮度,自动地确定曝光所需要的时间。

3.2.2 真空系统

电子显微镜处于工作状态时,电子通道必须处于真空系统中。一般由机械泵和扩散泵完成,新型电镜采用离子泵来实现高真空。样品室的上下电子束通道各设了一个真空阀,实施单独抽真空和单独放气。更换样品时,只需切断电子束通道,只破坏样品室内的真空,而不影响整个镜筒内的真空,这样在更换样品后,只需要将样品室又重新抽回真空，可节省许多时间。另外，在更换灯丝、清洗镜筒或更换底片时，也不需要破坏其他部分的真空状态。

3.2.3 供电系统

透射电子显微镜的照明系统、成像系统和真空系统等中的各种电路都需要工作电源，如使电子束加速的小电流高电压电源、使电子束聚焦与成像的大电流低压磁透镜电源，其他电源如偏转器线圈电源、电子枪灯丝加热电源等。无论是高压或是透镜电流的任何波动都会引起像移动和像面变化，降低电镜的分辨本领，因此要求电源有足够高的电压和电流稳定性。

3.2.4 镜筒中的其他主要部件

1. 光阑

光阑是指在光学系统中对光束起着限制作用的实体，它的作用可分为限制光束或限制成像范围大小两个方面，通常分别称为孔径光阑和视场光阑。透射电子显微镜中，按放置位置和用途将光阑划分为三种，分别是聚光镜光阑、物镜光阑和选区光阑。

(1)聚光镜光阑。

聚光镜光阑设置在照明系统之后，即第二聚光镜下方，用于限制照明孔径角。做微束分析时，应采用小孔径光阑。

(2)物镜光阑。

物镜光阑通常安放在物镜的后焦面，它可在后焦面上套取衍射束的斑点而获得暗场像，利用明暗场图像的对照分析，方便了物相鉴定和缺陷分析。物镜分辨率由像差决定，像差越小分辨率越高。加入物镜光阑会使物镜孔径角减小，从而像差减小。电子束透过样品后会产生散射和衍射，其中衍射角(散射角)较大的电子被光阑挡住，不能进入镜筒成像，但会在像平面上形成具有一定衬度的图像，光阑孔径有25 μm、50 μm和100 μm等，孔径越小被挡住的电子越多，图像衬度越大，得到的图像质量越高。

(3)选区光阑。

选区光阑又称视场光阑，一般都安放在物镜相平面位置，以此达到与放在样品平面处完全一样的效果。由于样品上待分析的区域很小，安装视场光阑可将电子束限制在分析样品的微小区域。但是，它的大小不可任意调节，需按照库勒照明系统的要求并依据所使用的物镜倍数来适当调节。

2. 消像散器

消像散器是用来消除或减小透镜磁场的非轴对称性，把固有的椭圆形磁场校正成旋转对称磁场的装置，它一般安装在透镜的上、下极靴之间。分为机械式和电磁式两类。机械式消像散器是通过在电磁透镜的磁场周围放置几块位置可以调节的导磁体，用它们来吸引一部分磁场，把固有的椭圆形磁场校正成接近旋转对称的磁场。而电磁式消像散器则是通过电磁极间的吸引和排斥来校正椭圆形磁场。2 组(4 对)电磁体排列在透镜磁场外围，每对电磁体均采用同极相对的方式安装，通过改变这 2 组电磁体的激磁强度和磁场方向，将椭圆形磁场校正成旋转对称磁场。

3. 电子束倾斜与平移系统

新型的电子显微镜都带有电磁偏转器，利用它可使入射电子束平移和倾斜，而电子束的原位倾斜可进行中心暗场成像操作。当上、下两个偏转线圈做偏转角度相等但方向相反动作时，电子束会进行平移运动；当上偏转线圈使电子束做顺时针偏转 α 角，下偏转线圈使电子束做逆时针偏转 $\alpha+\beta$ 角时，电子束相对于原来的方向倾斜了 β 角。

3.2.5　透射电镜工作及成像原理

由电子枪发射出来的电子束，通过聚光镜会聚成一束尖细、明亮而又均匀的光斑，照射在样品室内的样品上，透过样品后的电子束携带有样品内部的结构信息，电子信号由微区厚度、成分和晶体结构决定，样品内厚的区域透过的电子量少，薄的区域透过的电子量多，经过物镜的会聚调焦和初级放大后，电子束进入下级的中间透镜和投影镜进行放大成像，最终被放大了的电子影像投射在观察室内的荧光屏上，荧光屏将电子影像转化为可见光影像以供使用者观察。

透射电镜是根据阿贝成像原理工作的，透射电镜有衍射成像和显微成像 2 种基本成像模式，前者用于晶体结构同位分析，后者用于微观组织形貌观察。平行入射波受到周期性特征物体的散射作用，在物镜的后焦面形成衍射谱，各级的衍射波通过干涉重新在像平面上形成反映物的特征像。因此根据阿贝成像原理，在电磁透镜的后焦面上可以获得晶体的衍射谱，故透射电子显微镜可以做物像分析。有意义的衍射像必须明确它是来自样品哪个区域的衍射像。中间镜以物镜像为物，而投影镜又以中间镜像为物，成像于荧光屏上，通过控制透镜个数或中间镜的放大和缩小功能，可获得几百至几十万放大倍数的电子像。一方面，利用中间镜放大或缩小物镜像，可控制放大倍数；另一方面，通过关闭物镜和减弱中间镜的激磁电流强度，可使中间镜起着长焦距物镜作用，放大倍数仅几百倍。

3.3　原子力显微镜

目前，在纳米尺寸、分子水平分析与研究上，以 AFM 和 STM 为代表的扫描探针显微镜是最先进的测试工具，是利用一种小探针在样品表面上扫描，从而提供高放大倍率观察的一系列显微镜的总称。相比于 SEM 和 TEM,AFM 弥补了它们在样品测试过程中的一些缺点。AFM 对试样的状态和物理性质、分析环境要求较为宽松,可以在大气和液体环境下对几乎所有试样的纳米区域形貌进行探测,对试样是否具有导电性无要求,而且不需要进行特殊的制样处理。STM 同样可在真空、大气和常温等不同环境下工作,试样甚至可浸在溶液中,且不需要特别的制样技术,但是,它要求所观察的样品必须具有一定程度的导电性,对于半导体,观测的效果就差于导体,对于绝缘体则无法直接观察。即使在样品表面覆盖导电层,由于导电层的粒度和均匀性等问题,也会限制真实表面的分辨率,而 AFM 可以弥补 STM 对试样导电性要求方面的不足。相比于 SEM 和 STM,AFM 具有高度的表面灵敏性,可探测表面的原子结构,既可对样品做静态研究又能做动态记录,通过动态可实时性得到实空间中样品表面的三维图像,可实时观察的性能可用于表面扩散等动态过程的研究。本节主要介绍原子力显微镜的组成和基本工作原理。原子力显微镜主要由 4 个部分组成:探针、压电扫描系统、力检测装置、反馈系统,细化后各部分的结构简图如图 3.3 所示。

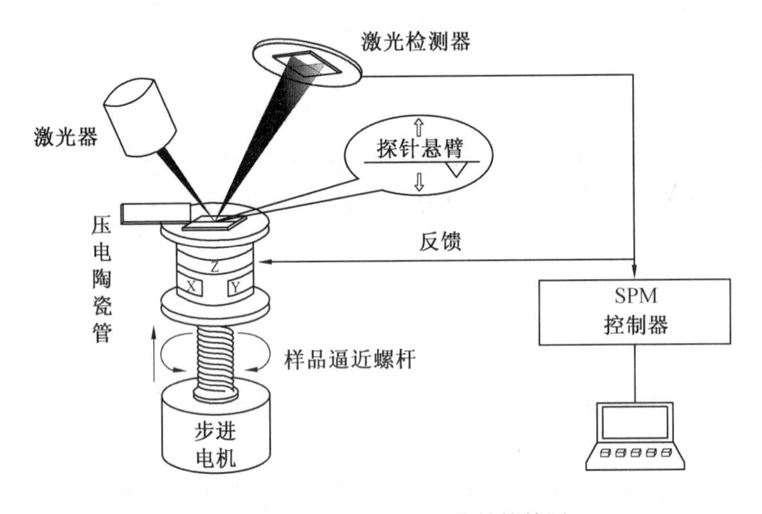

图 3.3　原子力显微镜系统结构简图

3.3.1　探针

探针是 AFM 的核心部件,它直接与样品表面接触,用于感知样品的表面特性。任何一种类型的探针均由基片、悬臂梁和针尖 3 个主要部分构成。根据制造材料的不同,探针可分为 2 种基本类型:氮化硅探针与硅探针。由于探针的悬臂梁和针尖部分较微小,需借助于扫描电子显微镜(SEM)进行观察,扫描电镜下的探针悬臂梁与针尖如图 3.4 所示。

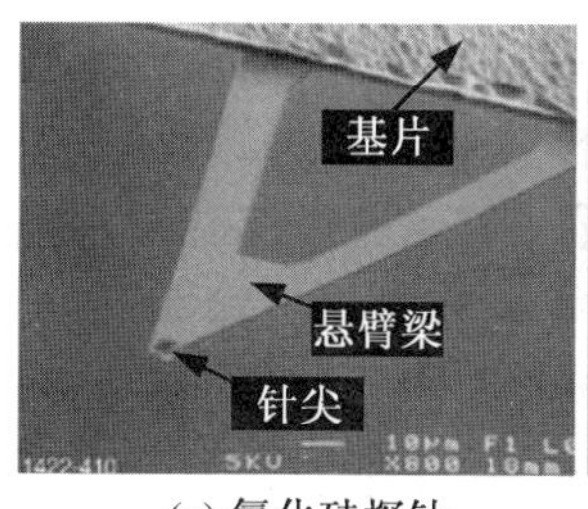

(a) 氮化硅探针

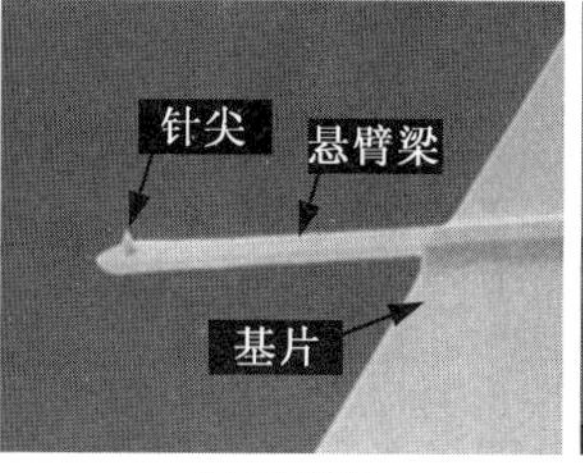

(b) 硅探针

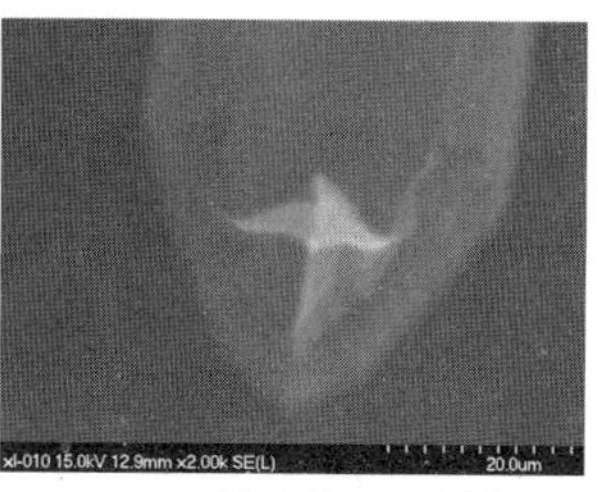
(c) 针尖的SEM图像

图 3.4　扫描电镜下的探针悬臂梁与针尖

1. 针尖

针尖是整个探针最核心部分，在测量过程中针尖将与样品表面发生直接接触。针尖的形状一般为金字塔状四棱锥体，如图 3.4(c)所示。硅针尖的曲率半径为 5 ~ 10 nm，氮化硅的曲率半径为 10 ~ 20 nm。氮化硅探针主要用于接触工作模式测量及轻敲工作模式液体环境内测量，而硅探针主要用于轻敲工作模式测量，但测量力较小的条件下，也可采用此类探针在接触工作模式下进行测量。

2. 悬臂梁

AFM 悬臂梁位于基片的窄边处，并外延伸出于基片从而形成悬臂梁结构。在悬臂梁远离基片的一端装有针尖，与针尖所在面相反的一面镀有金质或者铝质的反光镀膜，以用于力检测系统检测悬臂梁的形变。悬臂梁的形式通常为 V 字形或单梁形，悬臂梁的弹性系数一般为 0.1 ~ 100 N/m。

3. 基片

不借助任何仪器用肉眼即可观察到的部分为基片，它是悬臂梁和探针的载体，用于支承连接悬臂梁。在安装探针时，需用镊子小心地夹持该部分从而将探针装入探针架。

3.3.2　压电扫描系统

压电陶瓷是一类具有压电效应的晶体物质。压电效应是指在某些晶体两侧施加压力，会在晶体两侧产生电压；而在晶体两端施加电压后，晶体就会产生伸长或收缩。也就是说，可以通过改变电压来控制压电陶瓷的微小伸缩。而伸长或缩短的尺寸与所加电压的大小呈线性或接近线性的关系，这样通过压电陶瓷管就可以将 1 mV ~ 1 000 V的电压信号转换成十几分之一纳米到几微米的位移，从而控制探针对样品的扫描。

目前常用的压电扫描系统使用单管型压电陶瓷管，压电扫描管接线如图 3.5(a)所示。陶瓷管的外部电极分成面积相等的 4 份，内壁为一整体电极，在其中一块电极上施加电压,陶瓷管的这一部分就会伸展或收缩(由电压的正负和压电陶瓷的极化方向决定),导致陶瓷管向垂直于管轴的方向弯曲。通过在相邻的两个电极上按一定顺序施加电压就可以实现在 X-Y 方向的相互垂直移动,如图 3.5(b)所示。在 Z 方向的运动是通过在陶瓷管内壁电极施加电压使陶瓷管整体收缩实现的。陶瓷管外壁的另外 2 个电极可同时施加相反符号的电压使陶瓷管一侧膨胀,相对的另一侧收缩,增加扫描范围,亦可以加上直流偏置电压,用于调节扫描区域。

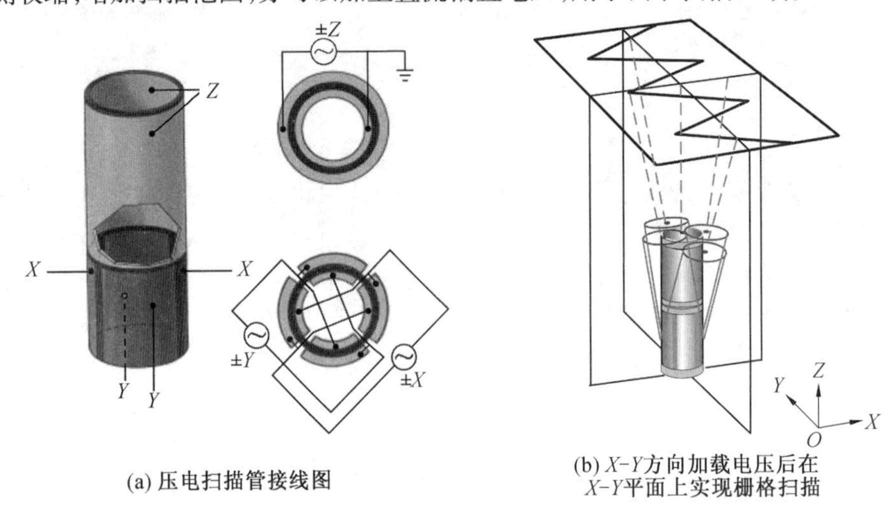

(a) 压电扫描管接线图

(b) X-Y方向加载电压后在 X-Y平面上实现栅格扫描

图 3.5 单管型压电陶瓷管

值得一提的是压电陶瓷管的安装位置,它既可如图 3.3 所示,安装在样品上,即针尖静止样品在压电扫描系统驱动下移动,又可将压电陶瓷管与针尖相连,达到样品静止而针尖在压电扫描系统驱动下移动的目的。

3.3.3 力检测装置

AFM 的力检测装置是利用悬臂梁的上下偏转来检测针尖与样品间相互作用力的变化量。当针尖与样品之间有了相互作用之后,会使得探针的微悬臂摆动,所以当激光照射在悬臂梁的末端时,其反射光在接收器中的位置如图 3.6 所示,也会因为悬臂上下摆动而移动。激光束在检测器四个象限中的强度差值(偏移量)是上面 2 个象限总光强(A+B)与下面 2 个象限总光强(C+D)之差,通过光强的变化来记录光斑位置的变化。

例如,当光强差为 0 时,光斑在中央位置,表示此时未进针,探针与样品没有接触。当探针与样品接触时,探针与样品原子间斥力作用使得悬臂向上偏转,4 象限接收器接收的光强差值大于 0。在扫描过程中,激光点位置检测器(Position Sensitive Detector,简称 PSD)将偏移量记录下并转换成电的信号,之后传送至反馈系统。

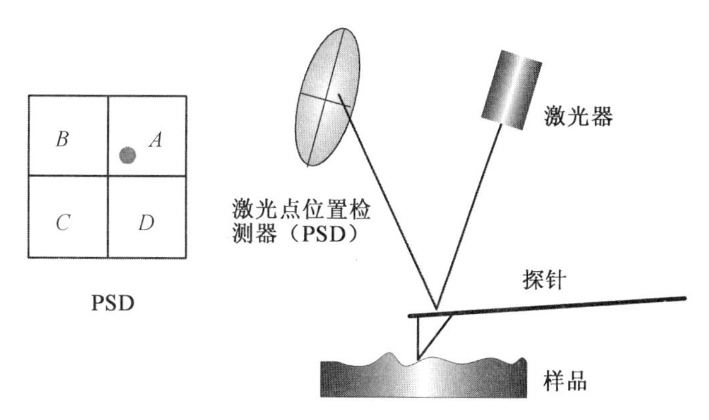

图3.6 AFM力检测装置中激光反射光在接收器中的位置示意图

3.3.4 反馈系统

原子力显微镜在扫描过程中，由激光点检测器产生的信号作为反馈信号，即内部的调整信号，进入反馈系统。反馈系统驱使压电陶瓷扫描器做适当的移动，以使得探针与样品之间的作用力稳定在设定值处。

总之，原子力显微镜是结合以上4个部分来将样品的表面特性呈现出来的：在AFM系统中，使用悬臂梁来感知针尖与样品之间的相互作用力，这作用力会使悬臂摆动；再利用激光将光照射在悬臂的尖端背面，当摆动形成时，会使反射光的位置改变而造成光强度偏移量，此时激光检测器会记录此偏移量，也会把此时的信号传给反馈系统，以利于系统对施加在压电陶瓷管上的电压做适当的调整；最后，再将所检测样品区域的电压变化情况与表面特性关联，并以影像的方式呈现出来。

3.3.5 原子力显微镜的基本原理

原子力显微镜具有多种工作模式，最为常用的有：接触模式（Contact Mode）、轻敲模式（Tapping Mode）、由轻敲模式引申细分出的相位成像模式（Phase Imaging）以及由接触模式引申细分出的横向力显微模式（Lateral Force Microscopy，简称LFM）等。各种模式下的工作原理略有差异。

1. 接触模式

在接触模式中，如图3.7所示，探针尖端和样品表面始终保持接触，针尖与样品之间的相互作用力为排斥力，使探针的悬臂产生形变，经检测系统后变成电信号传递给反馈系统和成像系统，反馈回路根据这一信号改变Z方向上压电陶瓷管电压，使扫描器在垂直方向上伸长或缩短，从而调节针尖和样品的距离，使微悬臂弯曲的形变量在水平方向扫描过程中维持一定，通过记录压电陶瓷管的移动情况来得到样品表面形貌图。

2. 轻敲模式

轻敲模式下进行 AFM 扫描时,如图 3.8 所示,探针针尖与样品的间距通常在几纳米之内。扫描过程中,探针针尖在悬臂梁振荡期间间断地与样品接触,悬臂梁的振动幅值因此随着样品表面性质的变化而发生改变。与此同时,反馈电路通过控制扫描头在垂直方向上的移动,使得扫描过程中每个扫描点上悬臂梁的振荡幅值保持恒定。将整个扫描区域中每一个扫描点处扫描头的垂直方向位移记录下来,即得到样品表面形貌高度数据。

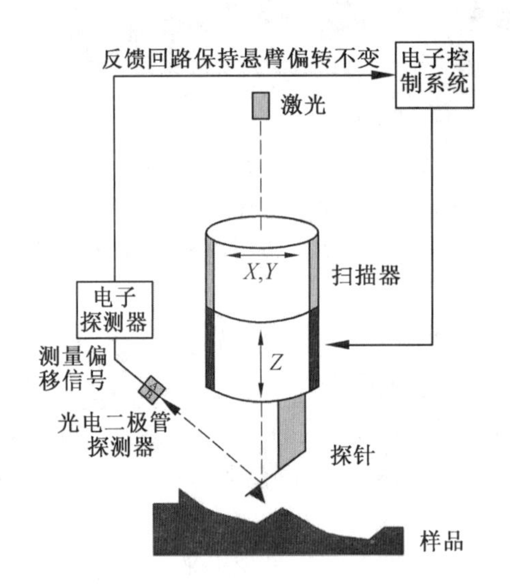

图 3.7　接触模式

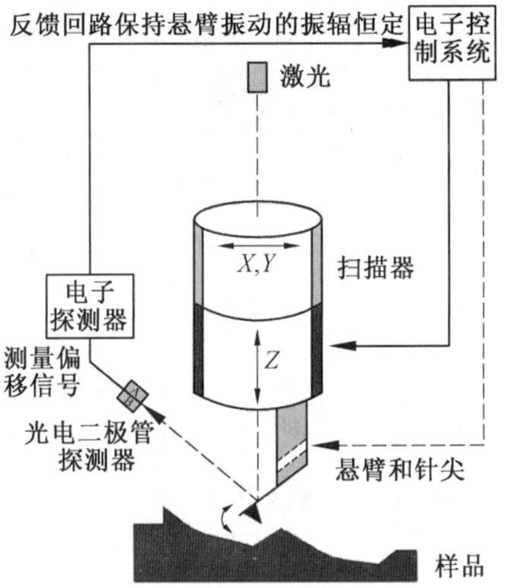

图 3.8　轻敲模式

在该模式下扫描成像时,针尖对样品进行“敲击”,因此两者间只有瞬间接触。针尖与样品的相互作用力很小(通常为 1 pN ~ 1 nN),这样便克服了接触模式中因针尖被拖过样品而受到相关联的摩擦力、黏附力、静电力等的影响,而且非常有效地克服了扫描过程中针尖划伤样品的弊病,适合于柔软或吸附样品的检测,特别适合于检测有生命的生物样品,能有效地检测生命科学领域的活细胞、大分子团、蛋白质等。

3. 相位成像模式

在轻敲模式 AFM 中,除了实现小作用力的成像以外,另一个重要的应用就是相位成像技术。通过测定扫描过程中检测悬臂梁的振荡相位和压电陶瓷驱动信号的振荡相位之间的差值来研究材料的力学性质和样品表面的不同性质。相位成像技术可以用来研究样品的表面摩擦、材料的黏弹性和黏附性,也可以对表面的不同组份进行识别;与摩擦力得到的信息相近,但由于采用了轻敲模式,可以应用于柔软、黏附性强或与基底结合不牢的样品,适用性更强。

3.4 扫描电子显微镜

目前市场上提供的商品扫描电子显微镜按电子束发射方式划分为场发射扫描电子显微镜(Field Emission Gun Scanning Electron Microscope,简称 FEG-SEM)和常规扫描电子显微镜(Conventional Scanning Electron Microscope,简称 C-SEM)。场发射电子显微镜属于高分辨扫描电镜。近代扫描电子显微镜的发展主要是在二次电子像分辨率上,但对不导电或导电性不好的样品还需要经喷金、镀膜等处理后才能达到理想的图像分辨率。20 世纪 90 年代末期,随着 SEM 技术的逐渐成熟,出现了对导电性不好的材料在不经处理的情况下也能实现观察分析的技术,即低真空、低电压技术。近几年,直到环境扫描电子显微镜(Environmental Scanning Electron Microscope,简称 ESEM)的出现,彻底弥补了 SEM 在此方面的缺陷,即在低真空模式下仍可以获得高分辨图像,可对样品(包括绝缘样品、含水样品)进行直接观察和分析,可以对诸如化学反应等进行动态过程观察。

扫描电子显微镜的基本结构主要由 4 部分组成:电子光学系统,样品室和处理室,信号收集处理、图像显示及记录系统,真空系统。根据实际需要还可配备能谱仪、波谱仪、电子背散射衍射仪、动态拉伸台、高温样品台、离子溅射仪/真空镀膜机和冷冻传输等设备。图 3.9 为扫描电子显微镜的剖面图。

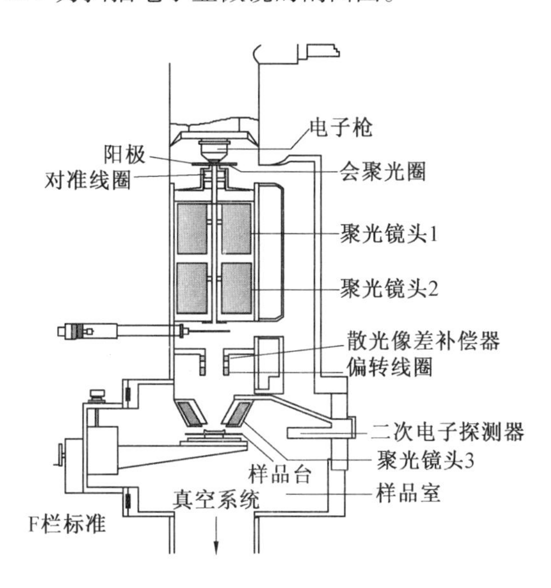

图 3.9 扫描电子显微镜的剖面图

3.4.1 电子光学系统

电子光学系统包括电子束发射源、电磁聚光镜、扫描线圈和物镜。

1. 电子束发射源

扫描电子显微镜中的电子束发射源为电子枪,它是产生、加速及会聚高能量密度电子束流的装置。常用的电子枪有三种:普通热阴极三极电子枪(钨枪)、六硼化镧阴极电子枪和场致发射电子枪。这三种枪相比较,钨枪的寿命在 30 ~ 100 h 之间,价格便宜,但成像不如其他两种明亮,常作为廉价或标准 SEM 配置。六硼化镧枪寿命介于场致发射电子枪与钨枪之间,为 200 ~ 1 000 h,价格约为钨枪的 10 倍,图像比钨枪明亮 5 ~ 10 倍,需要略高于钨枪的真空,但比钨枪容易产生过度饱和与热激发问题。场致发射电子枪用于高分辨的场发射扫描电镜中,可得到很高的二次电子像分辨率。

目前,在不需要高亮度的 SEM 应用中,常选用的是热阴极三极电子枪,它是一种热钨丝发射的三极式结构,由发生电子的发射极(阴极)、栅极和加速电子的引出极(阳极)3 部分组成。阴线材料通常为钨丝,当灯丝通电后钨丝达到白热化,电子动能增加至大于逸出功,就会脱离阴极发射出来,在阴极和阳极间加有高压,这些电子则向阳极加速运动,形成电子束。栅极在阴极外面,负高压直接加在栅极上,它是一个中心开有小孔的金属圆筒,电子束从中心孔穿过,当改变栅极与阴极间的电压时,就可以达到控制电子束流的目的。离开栅极有一个带孔的阳极,在阴极和阳极间有一个很高的正电压,阳极的作用是把自由电子从阴极表面拉出来,并使电子束加速,根据需要电子枪内可装多个阳极。

场致发射电子枪利用的是在金属表面加以强电场时所产生的场发射现象,结构简图如图 3.10 所示,它的阴极由细钨丝制成,在钨丝灯上焊接相同的单晶钨,其尖端曲率半径为 100 nm 左右,称为发射体。在发射体对面设置的金属板(引出电极)上施加电压,由于隧道效应,发射体就会发射电子,如果在引出电极的中央处开一个小孔,电子束会从孔中流出,在此下方设置的电极(加速电极)上加电压,就能获得一定能量的电子束,为了产生场致发射现象,发射体的尖端必须保持清洁,需要设置于 10^{-8} Pa 左右超高真空条件下。

2. 电磁聚光镜

照射到样品上的电子束光斑越小,其分辨率越高,电磁聚光镜的作用就是把电子枪的束斑逐级聚集缩小,减小至纳米级细小斑点。

要形成细小斑点,必须用到几个具有聚光作用的透镜,扫描电镜通常都有 3 个聚光镜,前 2 个强磁透镜有缩小束斑的作用,第 3 个是弱磁透镜,因焦距长,便于在样品室和聚光镜间装入各种信号探测器。为了降低电子束发散程度,每级聚光镜都装有光阑。

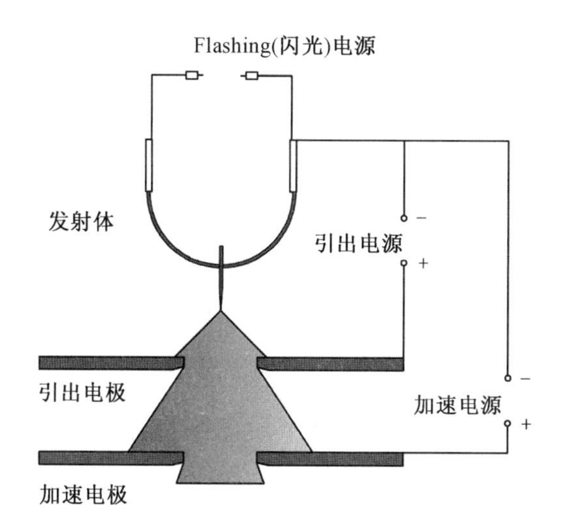

图 3.10　场致发射电子枪结构简图

3. 扫描线圈和物镜

扫描的功能通常由 2 对位于物镜内电磁线圈来实现。扫描线圈的作用是使电子束发生偏转,并在偏转的同时在样品表面做有规则的扫动。电子束在样品上的扫动和显像管上的扫动严格同步,因两者均由同一扫描发生器控制。2 对线圈中,一对使电子束在 x 轴上偏转并扫过试样,另一对在 y 轴方向偏转并扫描。进行形貌分析时可采用光栅扫描方式,当电子束进入上偏转线圈时,方向发生转折,随后又由下偏转线圈使其方向发生第 2 次转折,再通过末级透镜的光心射到样品表面。在电子束偏转的同时还带有逐行扫描动作,通过上下偏转线圈的作用,电子束在样品表面扫描出方形区域。如果电子束只经过上偏转线圈转折而未经下偏转线圈二次转折,直接通过末级透镜的光心射到样品表面,这种扫描方式为角光栅扫描或摇摆扫描,如进行电子通道花样分析时,可采用此操作方式。

扫描电镜的放大倍数是通过改变电子束偏转角度来实现的。荧光屏尺寸是固定不变的,放大倍数仅与电子束偏转角度有关,电子束偏转角越小,电子束在试样上的扫描面积越小,放大倍数越大。

3.4.2　样品室和处理室

样品室中除装有信号探测器外,还装有多功能精密组件的样品台,它既可以夹持一定尺寸的样品,又可以使样品向任意方向平移及向多角度转动,这将有利于对样品特定位置做任意角度观察。此外,在样品室中还可以配置多种附件,实现对样品加热、冷却、拉伸等操作。

冷冻扫描电子显微镜(Cryo-SEM)是一种超低温冷冻制样及传输技术,超低温快速冷冻制样技术可使水在低温状态下呈玻璃态,在不影响样品本身结构的同时减少冰晶的产生。冷冻传输系统是保证在低温状态下将样品转移至镜腔室并进行观察的技术。常规 SEM 上可通过加载低温冷冻制备传输系统和冷冻样品台来改造升级为冷冻扫描电镜。前处理室配有独立的专用机械泵。液氮泥加工站与机械泵相连并制造出的液氮泥,是一种介于液体和固定之间的形态,这种比液氮温度更低的环境能够迅速冷冻样品,保证其超微结构不被破坏并减少冰晶生成。真空传输装置 VTD 使样品在液氮泥加工站和前处理室之间传输并维持真空状态(避免了冰霜污染)。内嵌式液氮阱与前处理室一体化,保证了低温和无污染操作。在液氮阱上方配有一个冷台,保证了样品在处理过程中的低温环境。

3.4.3 信号收集处理、图像显示及记录系统

在扫描电子显微镜中最普遍使用的是电子检测器,它由闪烁体、光导管和光电倍增器所组成。闪烁体是一类在吸收高能粒子或射线后能够发光的材料,闪烁计数器(Scintillation Counter)是利用射线或粒子引起闪烁体发光并通过光电器件记录射线强度和能量的探测装置。因此,闪烁计数器可实现二次电子、背散射和透射电子信号的检测。其信号收集处理和图像显示工作原理是:信号电子进入闪烁体后即引起闪烁体电离,离子和自由电子复合后就产生可见光,可见光信号通过没有吸收的光导管送往光电倍增器,光电倍增管把光子流信号转换成电子流信号,并利用次级电子发射现象放大电信号,电流信号经视频放大器放大后则成为调制信号。由于镜筒中的电子束和显像管中的电子束同步扫描,荧光屏上各点亮度是根据被激发出来的信号强度来调制的。样品上各点状态各不相同,而检测器接收的信号强度随样品表面状况不同而变化,因此由信号监测系统输出的反映表面状态的调制信号在图像显示和记录系统中就转换成一幅与样品表面特征一致的、放大的扫描电子显微图像。

3.4.4 真空系统

真空系统是保证电子光学系统正常工作和样品洁净度的必备条件,它由真空泵和真空柱组成。真空环境设在镜筒内和样品室内。在真空条件下,对于以钨枪为电子发射源的常规 SEM,当真空度达到 10^{-4} Pa 时,可以延长灯丝使用寿命,防止出现极间放电现象;而对于以场致发射为电子发射源的高分辨 SEM,则需要高真空条件,真空度要求在 $10^{-8} \sim 10^{-7}$ Pa。另外,当真空度达到 $1.33\times10^{-3} \sim 1.33\times10^{-2}$ Pa 时,就可防止样品污染。

低真空是直接观察不导电试样的一种工作模式,ESEM(环境扫描电子显微镜)实现低真空的核心技术是采用两级压差光阑和气体二次电子探测器,它使用 1 个分子泵和 2 个机械泵,2 个压差光阑将主体分成 3 个抽气区,镜筒处于高真空,而样品四周的真空度很低,非常接近大气环境,可由一个机械泵来实现。位于物镜下的极靴处装有 1 个压差光阑,可使得镜筒必须置于高真空的同时,允许样品室内有气体流

动。当聚集电子束进入低真空样品室后,与样品室中残余空气分子碰撞并将其电离,这些带有正电荷的气体分子在一个附加电场作用下向充电的样品表面运动,与样品表面充电的电子中和,从而消除了导体表面的充电现象,实现了对非导体样品自然状态下的直接观察。ESEM 还可以根据测试需求,任意选择高真空、低真空和环境 3 种模式。

3.4.5 扫描电子显微镜工作原理

扫描电子显微镜是基于电子与物质的相互作用来呈现样品表面特性的,以电子束作为光源,电子束在加速电压的作用下经过电磁透镜,在末级透镜上部扫描线圈的作用下,在样品表面做光栅状扫描,通过电子束与样品的相互作用发生各种效应,产生各种与试样性质有关的物理信息(如二次电子、背反射电子等)。二次电子能够产生样品表面放大的形貌像,利用电子束与物质相互作用产生的特征 X 射线和背散射电子等信号,还可以获取样品本身的各种物理、化学性质的信息,如元素分布、晶体结构等。各种元素具有自己的 X 射线特征波长,特征波长的大小则取决于能级跃迁过程中释放出的特征能量 ΔE,能谱仪就是利用不同元素 X 射线光子特征能量不同这一特点来进行成分分析。

冷冻扫描电子显微镜(Cryo-SEM)工作原理:①当样品经过液氮被冷冻固定,使得生物大分子中的水分子以玻璃态形式存在,保持低温;②真空条件下,将样品转移到安装在扫描电镜样品舱端口上的制样舱中的冷台上,根据需要进行如冷冻断裂、冷冻升华刻蚀和溅射镀膜等处理;③在真空条件下,将样品转移至扫描电镜样品舱中的冷台上进行超微结构观察。

第4章 生物综合实验技术

4.1 概述

4.1.1 菌种的纯化分离培养与鉴定技术

菌种是用于发酵过程、作为活细胞催化剂的微生物,包括细菌、放线菌、酵母菌和霉菌4大类,要求实行纯培养,不能含杂菌。菌种按使用目的可划分为保藏用种、实验用种和生产用种;按级别可划分为一级菌种、二级菌种和三级菌种;按状态可划分为固体菌种和液体菌种。

微生物的生长、繁殖,从生理学角度讲是一个新陈代谢的过程,从发酵工程的角度讲是微生物吸收、利用培养基提供的营养物质合成目的代谢产物的一个过程。微生物的种类繁多,因代谢方式的不同,对营养物质的需求各异。出于某种目的,需要在实验室条件下,以人工方式使微生物大量生长和繁殖的方法,即培养。在收集到的样本中存在多种细菌,往往有致病菌也有普通菌群,某种菌从混杂的微生物中单独地分离开来,这个过程称为菌种分离。细菌分离培养是为了获得较纯的目的菌,只有进行分离培养才能对某一种我们感兴趣的细菌进行其他分析或鉴定。菌种鉴定的目的在于以下两个方面:一是判断所分离得到的菌种或引入的菌种,是否为所需要的菌种;二是鉴定所得到的菌种是否为优良菌种。典型微生物分离纯化、筛选菌种的一般流程包括菌种的获取和预处理、增殖培养、菌种分离、菌种初筛、菌种复筛、全面鉴定试验(包括生产性能试验、毒性试验和菌种鉴定等)和菌种保存。

1. 菌种的分离、纯化和筛选

(1)菌种的获取和预处理。

菌种的来源广泛,可根据相关资料直接向菌种保藏部门索取或购买,也可以从土壤、水和空气等自然环境中的微生物分离并筛选出有用菌种,或使用原菌株改良后得到的菌种,这些菌种或来源于扩大繁殖后的纯次生菌丝体,或已适应相当苛刻环境压力的微生物类群。对于采集到的样本,在筛选前可能需要进行预处理,物理方法包括加热、膜过滤、离心等,化学方法包括加碳酸钙提高 pH 等。诱饵法是指将固体基质加到待检的土壤或水中,待其菌落长成后再铺平板。

(2)富集培养。

为了容易分离到所需要的菌种,让无关的微生物在数量上不要增加,可通过配制选择性培养基,选择一定的培养条件来进行控制。

①控制培养基成分。

可选做碳源的成分有糖、淀粉、纤维素或石油等,如果以其中的1种为唯一碳源,那么只有利用这一碳源的微生物才能大量正常生长,而其他微生物可能死亡或淘汰,有利于纯种分离。

②控制培养条件。

目的菌种大量生长需要一定的条件,微生物的生长最适条件不同,如细菌、放线菌最适生长pH范围为7.0~7.5,而酵母菌和真菌的最适pH范围为6.5~7.0。另外通过温度和通气量的控制,都可抑制不需要的菌类,使得目的菌种得以生长、繁殖。

(3)菌种的分离。

菌种筛选的第一步是指获得纯的或混合的培养物,即菌种分离。尽管通过增殖培养效果显著,但还处于微生物的混杂生长状态,困此还必须进行菌种分离、纯化。在菌种分离环节中,增殖培养的选择性控制条件还需要进一步应用,而且需要控制得更细、更好。对于新菌种的获取,应依照实际需要、目的代谢产物的性质、可能产生所需要产物的菌种的分类地位、分布、特征及生态环境,设计选择性高的分离筛选方法从混杂的多种类微生物中获得目的菌种。菌种分离的方法包括施加选择性压力和随机分离方法。分离的过程实际上也是富集的过程,为的是让目的微生物在种群中占优势,使筛选变为可能。

①施加选择性压力分离法。该方法属定向培养,是指给混合菌群提供一些有利于所需要菌株生长或不利于其他菌型生长的条件,如控制底物、pH、培养时间和温度等一切能提高目的微生物相对生长速度的手段,从而增加混合菌群中目的菌株的数量,实现快速分离纯化和富含的目的。它包括分批式富集培养、恒化式富集培养。分批式富集培养是指将富集培养物转接到新的同一种培养基中,重新建立选择性压力,如此重复转种几次后,再取此富集培养物接种到固体培养基上,以获得单菌落。恒化式富集培养是指通过改变限制性基质的浓度来控制2类不同菌株的比生长速率。值得注意的是所需菌种的生长结果有时会改变培养基的性质,从而改变选择压力,使其他微生物生长。

②随机分离。当不能提供任何有助于筛选产生菌的信息时,可以开拓新的分离方法,随机地分离所需要的菌种。如抑菌圈法、稀释法、扩散法和生物自显影等对抗生素产生菌的分离,选择与生理和病理关系明确的酶为靶酶进行筛选酶抑制剂产生菌,通过生化诱导分析、SOS生色检测法、利用DNA修复能力突变株等筛选抗肿瘤药物产生菌。

(4)筛选。

分离得到的菌种,需要进一步筛选产物合成能力较高的菌株,生产性能的测定即通过初筛和复筛来确定。

初筛是指从分离得到大量微生物中将具有目的产物合成能力的微生物筛选出来的过程。平板筛选法中,如水解酶菌株在培养基中加入该酶的底物作为唯一的碳源或氮源,适温培养后根据水解圈和菌落大小来判断产酶活力的大小。摇瓶发酵筛选,因接近发酵条件,易于扩大培养。

复筛是指将初筛得到的较优菌株再进行多次摇瓶实验验证其效价和传代稳定性,并从中得到1、2个或少数几个最优的菌株的过程。复筛通常采用摇瓶培养法,一个菌株重复3~5次。复筛不仅要将初筛得到的菌种进行再次发酵验证,还需要进行传代验证,每代或隔代进行发酵验证,观测其稳定性。

2. 菌种鉴定技术

菌种鉴定技术贯穿菌种分离筛选整个过程。对于纯化的菌种需要测定一系列必要的鉴定指标,查找权威性鉴定手册,确定菌种类型。真菌以形态指标为主要鉴定指标,放线菌和酵母菌以形态指标与生理指标为主要鉴定指标,细菌以生理指标、生化指标和遗传指标等为鉴定指标。菌种鉴定技术根据细胞或分子水平可划分成4类:①细胞的形态和习性水平;②细胞组分水平;③蛋白质水平;④基因或核酸水平。经典分类鉴定方法包括形态学特征、生理生化特征、血清学试验和氨基酸顺序和蛋白质分析,现代分类鉴定方法包括微生物遗传型鉴定、细胞化学成分特征分类法和数值分类法。常规鉴定内容有形态学特征、生理生化特征。其中,生理生化特性包括营养类型,碳氮源利用能力,各种代谢反应、酶反应等,有些性状可以通过生化分析获得一些化学指标,如测定菌丝的呼吸强度,多酚、氧化酶、木质素酶、纤维素酶、半纤维素酶的含量及活性,以及目前最常用于菌综合性状检测的同工酶测定。以下鉴定技术可供参考。

(1)BIOLOG碳源自动分析鉴定。

BIOLOG碳源自动分析鉴定以微生物对不同碳源的利用情况为基础,检测微生物的特征指纹图谱,建立与微生物种类相对应的数据库。通过软件将待测微生物与数据库参比,得出鉴定结果。

(2)分子生物学鉴定。

分子生物学鉴定应用分子生物学方法从遗传进化角度阐明微生物种群之间的分类学关系,是目前微生物分类学研究普遍采用的鉴定方法。如利用PCR仪、电泳仪、HPLC、凝胶成像等先进仪器设备,以及DNAMAN、BIOEDIT、CLUSTALX和TREeVIEW等序列分析软件,提供科学的分子生物学鉴定结果。

(3)API鉴定系统。

API鉴定系统涵盖15个鉴定系列,约有1 000种生化反应,目前已可鉴定超过600种的细菌。鉴定过程中,可根据细菌所属类群选择适当的生理生化鉴定系列,通过软件将待测细菌与数据库参比,得出鉴定结果。

(4)TLC 薄层层析技术。

TLC 薄层层析技术应用于微生物菌种鉴定,进行细菌、放线菌细胞壁化学组分(氨基酸、糖)分析,作为划分属特征的重要鉴定技术手段,起到了良好的辅助作用。

(5)全细胞脂肪酸分析鉴定系统。

全细胞脂肪酸分析鉴定系统采用 Sherlock 全自动细菌鉴定系统,通过对不同菌株的脂肪酸图谱进行分析,并与标准数据库进行比对,来鉴定细菌及酵母。该技术是细菌或酵母种水平鉴定的有效手段之一。

(6)变性梯度凝胶电泳。

变性梯度凝胶电泳(Denaturing Gradient Gel Electrophoresis,简称 DGGE),是根据 DNA 在不同浓度的变性剂中因解链行为的不同而导致电泳迁移率发生变化的现象,从而将片段大小相同而碱基组成不同的 DNA 片段分开。这一技术能够提供群落中各类优势信息并同时分析多个样品,具有可重复和操作简单的特点,适合于调查种群的时空变化,并通过对条带的序列分析或特异性探针杂交分析鉴定群落组成。

(7)细菌磷酸类脂分析。

细菌磷酸类脂属于极性分子,与蛋白质、糖等构成细胞膜,对于物质运输、代谢及维持正常的渗透压都有重要作用。不同属菌的磷酸类脂组分是不同的,它是鉴别属的重要特征之一,是化学分类项目中不可缺少的分类指标。

4.1.2　蛋白质的分离、纯化及鉴定技术

蛋白质是生物体中非常重要的高分子化合物,它是生命的物质基础, 机体中的每一个细胞和所有重要组成部分都有蛋白质参与。它担负着生物催化、物质运输、运动、防御、调控、记忆及识别等多种生物功能。蛋白质分离技术有关活性酶和蛋白的提取,并可以此技术来研究蛋白的结构与功能,故其发展对于了解生命活动的规律、阐明生命现象的本质具有重大意义,对人类探索生物奥妙起着极大的推动作用,促进了生命科学的快速发展。

通常,从细胞或生物体中提取得到的蛋白质大分子不是纯净的,必须进一步分离纯化,可采用粗分级分离和细分级分离 2 步进行。蛋白质分离、纯化技术有许多种,常用的技术有层析和色谱技术、电泳技术、透析技术、沉淀技术和超滤技术等。其中透析技术、沉淀技术和超滤技术属于粗分,可实现目标蛋白与其他较大量的杂蛋白分开的目的。因蛋白质在组织或细胞中以复杂的混合物形式存在,每种类型的细胞都含有上千种不同的蛋白质,因此蛋白质的分离、提纯技术是生物化学中的重要的一部分,至今还没有单独或一套现成的方法能移把任何一种蛋白质从复杂的混合蛋白质中提取出来,因此往往将几种方法联合使用。对蛋白质纯度的要求,主要取决于研究目的和应用要求。如作为研究一级结构、空间结构、一级结构与功能的关系的蛋白制剂、工具酶、标准蛋白和酶法分析的酶制剂,要求纯度高;而对于工业生产,如食品、发酵、纺织和医药等,需要获取高活性酶制剂,要求达到一定纯度即可。

1. 层析和色谱技术

(1)亲和色谱法。

亲和色谱法是根据配体特异性来进行分离的方法,该技术经常只需经过一步处理即可使某种待提纯的蛋白质从很复杂的蛋白质混合物中分离出来,得到纯度很高的蛋白质。该方法的原理是某些蛋白质与另一种称为配体(Ligand)的分子能特异而非共价地结合。

(2)凝胶过滤技术。

凝胶过滤技术也称分子排阻层析或分子筛层析,这是根据分子大小分离蛋白质混合物最有效的方法之一,除起到分离作用外,还可用于测定蛋白质的分子量。柱中最常用的填充材料是交联葡萄糖凝胶(Sephadex Gel)和琼脂糖凝胶(Agarose Gel)。

(3)离子交换层析法

利用蛋白质在不同 pH 环境中带电性质和电荷数量不同,离子交换法可使其分开。离子交换剂有阳离子交换剂(如羧甲基纤维素、CM-纤维素等)和阴离子交换剂(如二乙氨基乙基纤维素等),当被分离的蛋白质溶液流经离子交换层析柱时,带有与离子交换剂相反电荷的蛋白质被吸附在离子交换剂上,随后通过改变 pH 或离子强度将吸附的蛋白质洗脱下来。

2. 透析技术与超滤技术

透析技术与超滤技术是根据蛋白质分子大小差别来分离蛋白质的方法。

(1)透析技术。

透析技术利用半透膜将分子大小不同的蛋白质分开。保留在透析袋内未透析出的样品溶液称“保留液”,袋(膜)外的溶液称“渗出液”或“透析液”。

(2)超滤技术。

超滤技术是一种加压膜分离技术,利用高压力或离心力,使水和其他小的溶质分子通过半透膜,而蛋白质留在膜上,可选择不同孔径的超滤膜截留不同分子量的蛋白质。通过选择适当的膜或膜的表面改性,以及适当的分离过程优化,可实现分子量相近的两种蛋白质的高选择性分离。

3. 电泳技术

电泳(Electrophoresis,简称 EP)是指带电物质在电场中向电性相反电极移动的现象。电泳按原理来划分,可分为 2 类:一类为自由界面电泳,是指在没有支持介质的溶液中进行的电泳,因装置复杂且贵,不便广泛应用;另一类为区带电泳,是指有支持介质的电泳,待分离组分在支持介质上分离成若干区带,支持介质的使用防止了电泳过程中的对流和扩散,使得被分离成分得到最大分辨率的分离。

其中,区带电泳由于采用的介质及技术差异,可分为不同的类型。常用区带电泳方法有纸电泳、醋酸纤维素薄膜电泳、凝胶电泳、等电聚焦电泳、等速电泳、双向凝胶电泳(二维电泳)等。按支持物的装置形式不同,区带电泳可分为:①平板式电泳,支持物水平放置,是最常用的电泳方式;②垂直板电泳,聚丙烯酰胺凝胶可做成垂直板式电泳;③柱状(管状)电泳,聚丙烯酰胺凝胶可灌入适当的电泳管中做成管状电泳。按 pH 的连续性不同,区带电泳可分为:①连续 pH 电泳,如纸电泳、醋酸纤维素薄膜电泳;②非连续 pH 电泳,如聚丙烯酰胺凝胶盘状电泳。

电泳是一种分离蛋白质的常用手段,它是根据蛋白质在不同 pH 环境中带电性质和电荷数量不同进行分离。各种蛋白质分子在同一 pH 条件下,处于高于或低于其等电点的溶液中带净的负或正电荷,因此在电场中可以移动,电泳迁移率的大小主要取决于蛋白质分子所带电荷量以及分子大小。因此分子量和电荷数量不同而在电场中的迁移率不同而得以分开。其中值得重视的是等电聚焦电泳技术,它是利用1种两性电解质作为载体,电泳时两性电解质形成1个由正极到负极逐渐增加的 pH 梯度,当带一定电荷的蛋白质在其中泳动时,到达各自等电点的 pH 位置就停止,此法可用于分析和制备各种蛋白质。将等电聚焦电泳与 SDS-PAGE 相结合,就可得到分辨率更高的一种双向电泳,双向电泳后的凝胶经染色,蛋白呈现二维分布图,水平方向反映蛋白在等电点上的差异,垂直方向反映它们在分子量上的差别。

4. 沉淀技术

沉淀技术是根据蛋白质溶解度不同进行蛋白质分离的方法,可分为盐析法、等电点沉淀法和低温有机溶剂沉淀法。

(1)盐析法。

中性盐对蛋白质的溶解度有显著影响。一般在低盐浓度下随着盐浓度升高,蛋白质的溶解度增加,此称盐溶;当盐浓度继续升高时,蛋白质的溶解度不同程度下降并先后析出,这种现象称盐析,将大量盐加到蛋白质溶液中,高浓度的盐离子(如硫酸铵的 SO_4^{2-} 和 NH_4^+)有很强的水化力,可夺取蛋白质分子的水化层,使之“失水”,于是蛋白质胶粒凝结并沉淀析出。盐析时若溶液 pH 在蛋白质等电点则效果更好。由于各种蛋白质分子颗粒大小、亲水程度不同,故盐析所需的盐浓度也不一样,因此调节混合蛋白质溶液中的中性盐浓度可使各种蛋白质分段沉淀。

影响盐析的因素有温度、pH、蛋白质浓度。蛋白质盐析常用的中性盐,主要有硫酸铵、硫酸镁、硫酸钠、氯化钠、磷酸钠等。蛋白质在用盐析沉淀分离后,需要将蛋白质中的盐除去,常用的办法是透析,即把蛋白质溶液装入透析袋(常用的是玻璃纸)内,用缓冲液进行透析,并不断地更换缓冲液,因透析所需时间较长,所以最好在低温条件下进行。此外也可用葡萄糖凝胶 G-25 或 G-50 过柱的办法除盐,所用的时间就比较短。

(2)等电点沉淀法。

蛋白质在静电状态时颗粒之间的静电斥力最小,因而溶解度也最小,各种蛋白质的等电点有差别，可利用调节溶液的 pH 达到某一蛋白质的等电点使之沉淀，但此法很少单独使用，可与盐析法结合使用以达到理想的分离纯化效果。

(3)低温有机溶剂沉淀法。

有机溶剂通过降低溶液的电解常数，增加蛋白质分子上的不同电荷间的引力，从而降低蛋白质分子的溶解度。另外，有机溶剂通过与水作用，可破坏蛋白质的水化膜，可使多数蛋白质溶解度降低并析出。常用可与水混溶的有机溶剂，如甲醇、乙醇或丙酮等。有机溶剂在中性盐存在时能增加蛋白质的溶解度，减少变性和促进分离的效果，分离后的蛋白质应立即用水或缓冲溶液溶解，以此来降低有机溶剂的浓度。此法分辨力比盐析高，但在有机溶剂与水混合的过程中易释放热量，蛋白质较易变性，故操作一般应在低温下进行，为获得重复性结果，操作条件比盐析法严格。

5. 超速离心法

利用物质密度的不同，离心后不同的蛋白质分布于不同的液层而分离。超速离心也可用来测定蛋白质的分子量，蛋白质的分子量与其沉降系数 S 成正比。

4.1.3 流式细胞计量术

流式细胞计量术(Flow Cytometry，简称 FCM)是一种定量分析技术，是指利用流式细胞仪检测细胞特异性标记荧光信号而测定细胞的多种生物物理性质的方法，同时也是一项把具有某相同荧光信号特性的某些细胞亚群从多细胞群中分离和富集出来的细胞分析技术。

当携带荧光信号的细胞通过激光照射区时，受激光激发，会产生代表细胞内不同物质、不同波长的荧光信号，这些信号以细胞为中心，向空间 360°立体角发射产生散射光和荧光信号。当激光光束与细胞正交时一般会产生 2 种荧光信号：一种是细胞自身在激光照射下发出的微弱荧光信号，称为细胞自发荧光；另一种是经过特异荧光素标记细胞后受激发照射得到的荧光信号，通过对这类荧光信号的检测和定量分析，就能得到所研究细胞参数。荧光信号的面积通过对荧光光通量进行积分测量来获取，一般对 DNA 倍体测量时，荧光脉冲的面积比荧光脉冲的高度更能准确反映 DNA 的含量。原因在于形状差异较大而 DNA 含量相等的 2 个细胞，得到的荧光脉冲高度是不等的，而经过对荧光信号积分后所得到的信号值相等。荧光信号的宽度常用来区分双联体细胞，由于 DNA 样本极容易聚集，当两个 G1 期细胞黏连在一起时，其测量到的 DNA 荧光信号与 G2 期细胞相等，这样得到的测量数据 G2 期细胞比例会增高，影响测量准确性，而通过设门(Gate)可将双联体细胞排除，其原理是双联体细胞所得到的荧光宽度信号要比单个 G2 期细胞大，因此设门后才能得到真正的 DNA 含量分布曲线和细胞周期。

散射光信号分为前向角散射和侧向角散射，散射光由于不依赖任何细胞样品的制备技术(如染色)，因此被称为细胞的物理参数(或固有参数)。这两种散射信号都是来自于激光原光束,其波长与激光相同。前向角散射与被测细胞的大小有关,它与细胞直径的平方密切相关,通常在 FCM 应用中,选取前向角散射作阈值,来排除样品中的各种碎片及鞘液中的小颗粒,以避免对被测细胞的干扰。侧向角散射是指与激光束正交 90°方向的散射光信号,侧向散射光对细胞膜、胞质、核膜的折射率更为敏感,可提供有关细胞内精细结构和颗粒性质的信息。目前,采用前向角散射和侧向角散射这 2 个参数组合,可区分裂解红细胞处理后外周血白细胞中淋巴细胞、单核细胞和粒细胞 3 个细胞群体,或在未进行裂解红细胞处理的全血样品中找出血小板和红细胞等细胞群体。

4.1.4　聚合酶链反应

聚合酶链反应(Polymerase Chain Reaction,简称 PCR)是特定 DNA 的体外扩增,它可以看作是生物体外的特殊 DNA 复制,原理类似于 DNA 在体内的复制过程,能将微量的 DNA 大幅增加。反应条件包括模板 DNA、寡核苷酸引物、DNA 聚合酶、4 种 dNTP 原料及适合的缓冲液体系。聚合酶链反应通过控制温度来实现 DNA 扩增,主要包括 3 个基本反应过程:①模板变性:高温(95 ℃左右)时 DNA 变性,双螺旋的氢键断裂,形成单链 DNA 模板;②引物退火:温度降至引物的理论解链温度(Tm 值)左右或以下(通常为 55 ~65 ℃),引物与单链 DNA 模板按碱基互补配对的原则结合,形成杂交链;③新链延伸:在最适 DNA 聚合酶的温度下,以引物 3′端为起始点,沿着 5′-3′的方向,合成互补链,最终使 DNA 新链延伸。以上 3 个步骤为 1 个循环,每一循环的产物作为下一个循环的模板。PCR 产物分析可采用凝胶电泳法、酶切法、分子杂交法、Southern 印迹杂交法和斑点杂交法。PCR 技术有几十种,常见的 PCR 技术包括反转录 PCR(Reverse Transcription PCR,简称 RT-PCR)、定量 PCR(Quantitative PCR,简称 Q-PCR)、实时荧光定量 PCR(Real-Time Quantitative PCR)、重组 PCR(Recombinant PCR)、反向 PCR(Inverse PCR)、巢式 PCR(Nested PCR)、多重 PCR(Multiplex PCR)、不对称 PCR(Asymmetric PCR)和热启动 PCR(Hot Start PCR)等。

反转录 PCR 是用来扩增、分离和鉴定细胞或组织的信使 RNA(mRNA)的技术,即以 RNA 分子为模板的扩增技术,主要用于克隆 cDNA、检测 RNA 病毒、合成 cDNA 探针及构建 RNA 高效转录系统。反转录 PCR 可广泛用于表达图谱分析(用来确定基因的表达);检测病毒例如 HIV(人类免疫缺陷病毒)、引起麻疹和腮腺炎的病毒;鉴定 RNA 转录子的序列,当相关的基因序列已知时,还可进一步知道基因组上外显子和内含子的位置。

定量 PCR 假定反应产物的数量同反应混合物中起始模板的 mRNA 或 DNA 的量成正比,因此通过比较琼脂糖电泳样品条带,便可以确定两种 PCR 产物之间的数量关系。定量 PCR 可用来测定样本中的靶 DNA 的量。最初的定量 PCR 主要是指竞争定量 PCR(Competitive PCR),即在反应混合物中加入起始拷贝数已知的内部对照,对照具有同靶序列相同的引物结合位点,但产生的产物长度与靶序列产生的产物长度不同,在 PCR 过程中对照与靶基因竞争相同的引物。反应后通过比对、对照和靶基因产生的产物量推断初始靶基因的拷贝数,由于内部对照和靶基因在扩增中的效率不一定相同,所以定量结果会产生偏差。

实时荧光定量 PCR,是指在 PCR 反应体系中加入荧光基团,利用荧光信号积累实时监测整个 PCR 进程,最后通过校正曲线对未知模板进行定量分析的方法。由于通常的 PCR 在几十个循环后都会进入平台期,产物的量与初始模板量不再成正比,因此只能用来定性。而实时 PCR 通过使用荧光染料(如 SYBR Green 等)或荧光标记的序列特异探针(如 TaqMan 探针、分子信标探针等),对 PCR 进程进行实时检测。在 TaqMan 探针法的定量 PCR 反应体系中,包括 1 对 PCR 引物和 1 条探针,探针只与模板特异性结合,探针的 3′端标记有荧光淬灭基团,探针的 5′端标记有荧光基团,当探针完整时,荧光基团所发射的荧光能量被淬灭基团吸收,仪器检测不到荧光信号,随着 PCR 的进行,Taq 酶的 3′→5′外切核酸酶活性会将探针切断,荧光基团远离淬灭基团,其能量不被吸收,即产生荧光信号。该技术不仅实现了 PCR 技术从定性到定量的飞跃,还具有特异性更强、有效解决了 PCR 污染问题、自动化程度高等特点,目前已得到广泛应用。

重组 PCR 是指用 PCR 法在 DNA 片段上进行点突变,即扩增产物中含有与模板序列不同的碱基。利用重组 PCR 可造成 DNA 片段的碱基插入或缺失,从而研究目的基因片段的功能。

反向 PCR 是用反向的互补引物来扩增两引物外的 DNA 片段,即对某个已知的 DNA 片段两侧的未知序列进行扩增。首先将靶 DNA 用限制性内切酶进行多轮消化,然后连接被消化的片段构建环状的分子,引物设计成可从序列已知的区域向外侧延伸,扩增出环状分子上剩余的序列。

巢式 PCR 是通过使用 2 套引物来进行 2 次连续的反应,来增加 DNA 扩增的特异性。在第 1 次反应中产生的产物可能包含非特异性扩增产物,然后使用 2 个新的、结合位点位于原引物内部的引物进行第 2 次反应。第 2 套引物的使用可提高反应的特异性,增大单一产物产生的可能性。巢式 PCR 相比于常规 PCR,在提高特异性的同时,也增加了检测的灵敏度。

多重 PCR 是指在一个 PCR 管中使用多对引物同时扩增超过 1 个的靶基因。同时分析单拷贝基因组的多个基因可避免分别扩增这些靶基因造成对试剂和模板的浪费。使用多重 PCR 检测引起遗传疾病的基因突变时,可以同时扩增 6 个以上的靶点,也可同时检测食品中多种病原菌的存在。在多重 PCR 基础上发展的多重连接探针扩增技术(Multiplex Ligation-dependent Probe Amplification,简称 MLPA)使用单对引物即可完成对多个靶基因的扩增,避免了多重 PCR 耗时的优化步骤。

4.2　流式细胞仪

流式细胞仪(Flow Cytometer,简称FCM)是指使细胞(或其他粒子)以单个方式依次高速通过激发光束,采集细胞(或其他粒子)在光照的情况下所产生的各种信号,对信号进行处理,并对各参数进行关联分析的一种仪器,其示意图如图4.1所示。流式细胞仪是一种集激光技术、电子物理技术、光电测量技术、电子计算机技术、细胞荧光化学技术和抗原抗体检测技术为一体的新型仪器。它除了可以检测细胞(高等真核细胞、酵母、细菌和多细胞聚集体)结构,包括:细胞的大小、粒度、表面面积、核浆比例、RNA含量、DNA含量与细胞周期、蛋白质含量、膜电位;还可以检测细胞功能,包括:细胞表面/胞浆/核的特异性抗原、细胞活性、细胞坏死、细胞凋亡、酶活性、细胞内细胞因子、凝血素结合位点、激素结合位点和细胞受体。流式细胞仪分为2类,一类属于分析型,自动化程度高、操作简单,适用于临床使用;另一类属于分选型,分辨率高、多激光高配置,可将目标细胞分选出来,适用于科研。

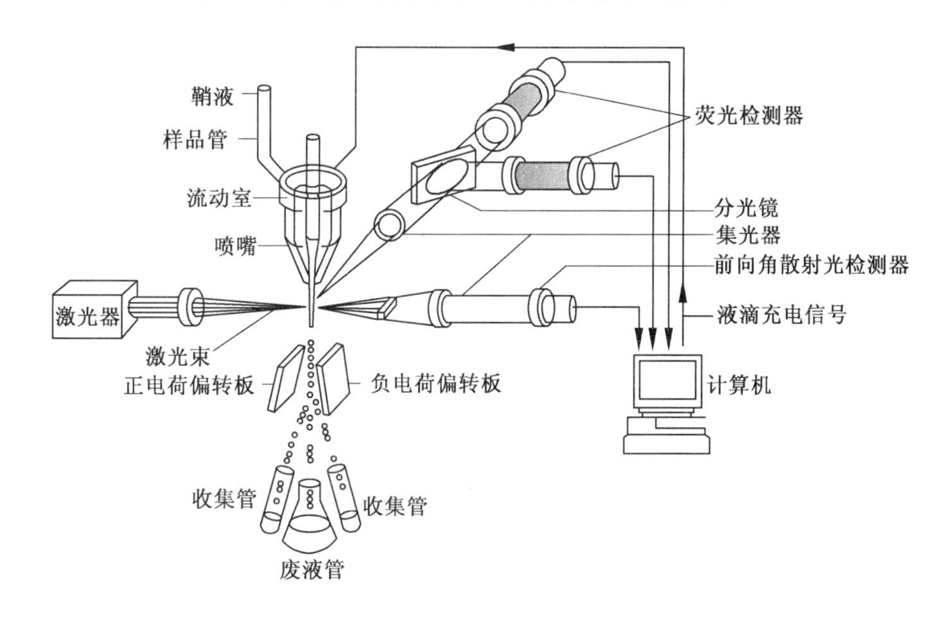

图4.1　流式细胞仪示意图

流式细胞仪的主要技术指标有灵敏度、分辨率和分析速度等。灵敏度是指能检测最小粒子的大小,或能检测细胞上最少的荧光分子的数量。分辨率是衡量仪器精度的指标,用变异系数(Coefficient of Variation,简称CV)度量。分析速度是指每秒分析的粒子个数,当细胞流过光束的速度超过FCM仪器的响应速度时,细胞产生的荧光信号会丢失,这段时间称为仪器的死时间。FCM的分选指标包括:分选速度、分选纯度和分选收获率。其中分选速度是指每秒可提取所需细胞的个数;分选纯度是指目标细胞在被分选出细胞中所占的百分比;分选收获率指的是被分选出细胞与原来溶液中该细胞的百分比。通常分选纯度和分选收获率是矛盾的,在提高分选纯度的同时,分选收获率会降低。前向角散射光检测灵敏度是指能够检测到的最小颗粒大小,目前,商品化的 FCM 可检测到0.2 ~0.5 μm的颗粒。

流式细胞仪基本组成分为3个部分,分别为液流系统、光学系统和检测系统。

4.2.1 液流系统

液流系统由流动室、管路和阀门组成,其中流动室是液流系统的中心,由样品管、鞘液管和喷嘴等组成。流动室内充满了鞘液,鞘液的作用是将样品流环包,样品流在鞘流的环包下形成液体动力学聚集,使得被检测细胞被限制在液流的轴线上,并保证每个细胞通过激光照射区的时间相等,从而得到准确的细胞荧光信息。样品管贮放样品,单个细胞悬浮液在液流(需要稳定,速度限制为小于10 m/s)压力作用下从样品管射出,鞘液由鞘液管从四周流向喷孔,包围在样品外周后从喷嘴射出。流动室上装有压电晶体,受到振荡信号可发生振动。流动室由石英玻璃制成,在石英玻璃中央开有长方形孔,供细胞单个流过,检测区位于该孔的中心,当样本悬浮液通过聚集在此处的光束时便得以检测。

液流系统采用液流动驱动原理,用于提供稳定的鞘流,驱动一般采用加正压的方法。流速与压力的关系服从 Bernoulli 方程,忽略高度的变化,只要压力恒定就可使鞘液以匀速运动的方式流过流动室,从而可确保每个细胞流经激光照射区的速度不变。

4.2.2 光学系统

光学系统的主要作用在于提供光源、产生并收集光信号,主要部件为激光器,若干透镜、滤光片和小孔。透镜、滤光片和小孔可将不同波长的荧光信号送入不同的电子探测器。组成信号产生的要素之一是光源,可由激光器充当。激光是一种相干光源,它能提供强度高、稳定性好及单波长的光照,包括蓝光(波长为488 nm)、红光(波长为638 nm)、紫光(波长为405 nm)、紫外光(波长为355 nm)、绿光(波长为532 nm)等。每个细胞所携带的荧光物质被激发出来的荧光信号强弱,与被照射的时间和激发光强度有关,鉴于每个细胞通过光照区的时间仅为1 μs左右,因此细胞必须达到足够的光照强度。激光器可以配备多个,以适用于更广泛、更灵活的科学研究需要。

激光光束在到达流动室前,先经过透镜,将其聚焦成短轴稍大于细胞直径的光斑,此椭圆形光斑激光能量呈正态分布,所以只有将样品流与激光束正交且相交于激光能量分布峰值处,才能保证样品中细胞间所受到的光照强度一致。

信号收集采用的是滤光片,按对光的截留范围可分为长通滤片、短通滤片和带通滤片。长通滤片可使特定波长以上的光通过,波长小于该波长的光被吸收或反射。

短通滤片可使波长小于特定波长的光通过,波长大于该波长的光被吸收或反射。带通滤片可使波长在某特定范围内的光通过,波长在该范围以外的光被吸收或反射。

4.2.3 检测系统

检测系统的主要作用在于接收、处理光信号,将光信号转变为电信号,再将电信号数字化。信号产生的要素之二是荧光素,细胞等在通常情况下需要进行荧光染色或荧光标记,荧光染料有多种可供选择,但必须考虑仪器所配置激光器的检测波长。检测的信号类型有3种,分别是前向角散射光、侧向角散射光和荧光。

检测系统的主要部件包括信号检测器(光电二极管或光电倍增管)和信号处理板。光电二极管无电流放大作用且信噪比较低;光电倍增管可将电流放大倍数放大至10^6倍,信噪比较光电二极管高。当携带荧光素的细胞与激光正交时,散射光或受激后发出的荧光,经过滤光片分离为不同波长的光信号,分别到达不同的检测器,检测器最终将光信号转换成电信号,电信号输入放大器进行放大。放大器分2类:线性放大器和对数放大器。线性放大器即放大器的输出与输入是线性关系,细胞DNA含量、RNA含量、总蛋白质含量等的测量一般选用线性放大测量;但细胞膜表面抗原等的荧光检测,通常使用对数放大器。

4.3 电 泳 仪

按支持物的物理性状不同,区带电泳可分为:①纸电泳,以滤纸为支持物的电泳;②粉末电泳,如纤维素粉、淀粉、玻璃粉电泳;③凝胶电泳,如琼脂、琼脂糖、硅胶、淀粉胶和聚丙烯酰胺凝胶电泳;④缘线电泳,如尼龙丝、人造丝电泳。纸电泳和粉末电泳因孔径较大,不具分子筛效应,主要依靠被分离物的电荷来进行分离。其中琼脂糖和聚丙烯酰胺凝胶是目前实验室最常用的支持介质,琼脂糖一般用于核酸的分离,对大部分蛋白质只有很小的分子筛效应,而聚丙烯酰胺凝胶可用于核酸和蛋白质的分离、纯化,分辨率较高。

可以实现电泳分离技术的仪器称为电泳仪,电泳仪的种类较多,包括全自动醋酸纤维膜电泳仪、全自动荧光/可见光双系统电泳仪、全自动琼脂糖电泳仪和毛细管电泳仪等。

4.3.1 常规电泳仪

常规电泳仪由2部分组成:电泳槽和支持物、电源。

1. 电泳槽和支持物

电泳槽和支持物是电泳系统的核心部分,根据电泳的原理,电泳支持物都是放在2个缓冲液之间,电场通过电泳支持物连接2个缓冲液,不同电泳采用不同的电泳槽,常用的电泳槽有以下几种。

(1)水平电泳槽。水平电泳槽的形状各异,但结构大致相同,一般包括电泳槽基座、冷却板和电极。凝胶铺在水平的玻璃或塑料板上,将凝胶直接浸入缓冲液中,常用于琼脂糖电泳分离核酸。

(2)圆盘电泳槽。圆盘电泳槽有上、下 2 个电泳槽和带有铂金电极的盖。上槽中具有若干孔,孔不用时,用硅橡皮塞塞住,要用的孔配以可插电泳管(玻璃管)的硅橡皮塞。电泳管的内径早期为 5 ~ 7 mm,为保证冷却和微量化,现在越来越细。

(3)垂直板电泳槽。垂直板电泳槽的基本原理和结构与圆盘电泳槽基本相同,差别只在于制胶和电泳不在电泳管中,而是在 2 块垂直放置的平行玻璃板中间。

(4)聚丙烯酰胺支持物。

聚丙烯酰胺凝胶电泳(Polyacrylamide Gel Electrophoresis,简称 PAGE)是以聚丙烯酰胺凝胶作为支持介质的一种常用电泳技术。目前,PAGE 技术有 2 种形式:非变性聚丙烯酰胺凝胶电泳(Native-Polyacrylamide Gel Electrophoresis,简称 Native-PAGE)和十二烷基硫酸钠-聚丙烯酰胺凝胶(Sodium Dodecyl Sulfate-Polyacrylamide Gel Electrophoresis,简称 SDS-PAGE)。采用 Native-PAGE,在电泳的过程中,蛋白质能够保持完整状态,并依据蛋白质的分子量大小、蛋白质的形状及其所附带的电荷量而逐渐呈梯度分开。当样品介质和丙烯酰胺凝胶中加入离子去污剂和强还原剂(SDS,十二烷基硫酸钠)后,即 SDS-PAGE,仅根据蛋白质亚基分子量的不同就可以分开蛋白质。它可以忽略电荷因素影响,蛋白质亚基的电泳迁移率主要取决于亚基的分子量。

2. 电源

电泳仪的性能体现在电源上,表现为输出电压、输出电流和输出功率的稳定性。稳压稳流的电泳仪目前在国内中、低压电泳实验中应用最广泛,输出电压可在 0 ~ 600 V 范围调节,输出电流为 0 ~ 100 mA。要使荷电的生物大分子在电场中泳动,必须加电场,且电泳的分辨率和电泳速度与电泳时的电参数密切相关。不同的电泳技术需要不同的电压、电流和功率范围,所以选择电源主要根据电泳技术的需要,如聚丙烯酰胺凝胶电泳和 SDS 电泳需要 200 ~ 600 V 的电压。

3. SDS-PAGE 工作原理

聚丙烯酰胺凝胶是生化和分子生物学实验中常用的电泳支持介质,它是由丙烯酰胺和交联试剂 N,N′-甲叉双丙烯酰胺在有引发剂和增速剂的情况下聚合而成的一种三维立体网状结构的凝胶物质,具有分子筛效应。SDS(十二烷基硫酸钠)是一种阴离子去污剂,在电泳实验中作为变性剂和助溶剂,能断裂蛋白质分子内和分子间的氢键,使分子去折叠,破坏蛋白质的二级和三级结构。在电泳样品和凝胶中加入 SDS 和还原剂后,蛋白质分子被解聚成多肽链。强还原剂如β-巯基乙醇、二硫苏糖醇则能使半胱氨酸残基之间的二硫键断裂。解聚后的氨基酸侧链与SDS充分结合成带负电荷的蛋白质-SDS复合物，由于SDS带有大量的负电荷，当其与蛋白质结合时，所带的负电荷大大超过了天然蛋白质原有的负电荷，因而掩盖了不同种类蛋白质分子间原有电荷的差异，使蛋白质分子均带有相同密度的负电荷，在水溶液中呈长椭圆棒状。不同蛋白质的SDS复合物短轴长度基本相同，但长轴的长度则与亚基分子量的大小成正比，因此这种复合物在SDS-PAGE中电泳迁移率不再受蛋白质原有电荷和形状的影响，主要取决于椭圆棒的长轴长度，即蛋白质或亚基分子量大小。

4.3.2　毛细管电泳仪

传统的电泳作为一种分离技术，是在电场作用下，不同溶质以不同的迁移速度向与其所带电荷电性相反的电极方向移动，从而得到分离的方法，而毛细管电泳（Capillary Electrophoresis，简称CE），又称高效毛细管电泳（High Performance Capillary Electrophoresis，简称HPCE），是一类以毛细管为分离通道，以高压直流电场为驱动力，依据样品中各组分之间淌度和分配行为上的差异而实现分离的新型电泳分离分析方法，迅速发展于20世纪80年代后期。毛细管电泳是在散热效率极高的、空芯的毛细管内进行的大、小分子高效分离技术，具有灵敏度高、分辨率高、速度快、进样少等特点，它包含了电泳、色谱及其交叉内容，它使分析化学得以从μL水平进入nL水平，并使单细胞分析，乃至单分子分析成为可能，与此同时，也使得糖、蛋白质等生物大分子分离、分析问题得以解决。毛细管电泳仪广泛应用于分离小分子（氨基酸、药物分子等）、离子（无机及有机离子）、生物大分子（糖、核酸、蛋白质等）、各种颗粒（如细胞、硅胶颗粒等）。

毛细管电泳根据分离模式不同又分为毛细管区带电泳、分子体积排除电泳或凝胶电泳、等电聚焦电泳、胶束电动力学电泳和等速聚焦电泳。毛细管电泳系统的基本结构包括高压电源、进样系统、分离系统、检测器、控制系统和数据处理系统。图4.2为毛细管电泳系统的基本结构。

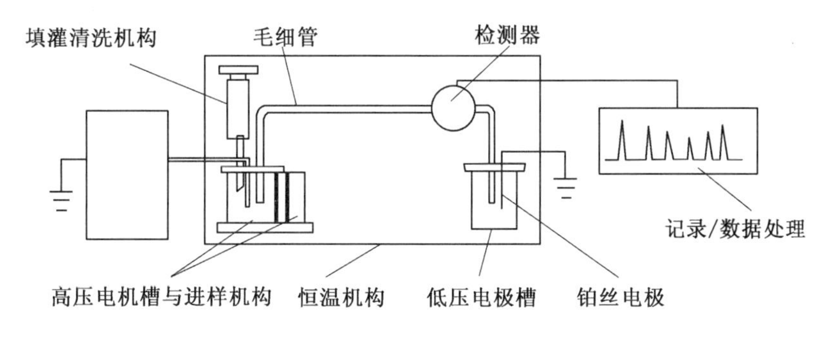

图4.2　毛细管电泳系统

1. 高压电源

高压电源起到切换极性的作用,有恒压、恒流或恒功率等方式。常用的高压电源能提供电压为 0 ~ 30 kV,电流为 200 ~ 300 μA 的连续可调的直流高压电源,为了获得迁移时间的高重现性,操作电压要稳定在±0.1%误差范围内。

2. 进样系统

毛细管进样是指让毛细管直接与样品接触,然后由重力、电场力或其他驱动力来驱动样品流入管路,进样量可以通过控制驱动力的大小或时间长短来控制。常采用的驱动方式为电迁移进样、流体动力学进样和扩散进样。电动进样是通过改变进样电压和进样时间来控制进样量,电场强度是进样的动力,取值在 1 ~ 10 kV/60 cm 之间,进样时间通常取值在 1 ~ 10 s。电动进样对毛细管内的填充介质无特别限制,可实现完全自动化,但在电迁移进样中存在歧视效应,会降低分析的准确度和可靠性,表现为电泳淌度大的组分进样量大,电泳淌度小的组分进样量小或不进样。流体动力学进样量不存在歧视效应,它与样品浓度、毛细管两端压力差、毛细管长度和溶液黏度有关,其中毛细管两端的压力差是进样动力,可在进样端加气压(正压)、在出口端抽真空(管尾抽吸,负压)或利用重力虹吸作用。扩散进样属普适性进样方法,无可控制参数,进样量仅由扩散时间控制,扩散进样时间在 10 ~ 60 s 之间。

3. 分离系统

分离系统包括毛细管、毛细管恒温系统、电极和缓冲液池。毛细管通常为厚壁、熔融的石英材料,内径在 25 ~ 75 μm 范围,有效长度在 30 ~ 75 cm。毛细管恒温系统用来控制温度,精度应达到±0.1 ℃,有高速气流恒温和液体恒温 2 种。在毛细管电泳系统中,正负铂电极、进样端缓冲液池、检测端缓冲液池和充满运行缓冲液的毛细管构成了一个导电回路。缓冲溶液的液面高度控制是保证毛细管电泳分离效率和迁移时间重现性的重要因素,缓冲溶液需要经常更新,有助于提高电泳分离的重现性。

4. 检测系统

紫外吸收检测是目前毛细管电泳最常用的检测方法,依据检测方式的差异,紫外检测器可分为固定波长、可变波长和二极管阵列等类型。荧光检测灵敏度高,浓度检测限为 10^{-9} ~ 10^{-7} mol/L,一般采用柱上检测方式,一些样品需要提前衍生化。激光诱导荧光检测器,灵敏度非常高,浓度检测限为 10^{-16} ~ 10^{-14} mol/L,通常也需要对样品进行衍生化。电化学检测有 3 种检测模式:安培法、电导法和电位法。安培法可测量化合物在电极表面受到氧化或还原反应时,失去或得到电子,产生与分析物浓度成正比的电极电流,是一种高灵敏度的电化学检测法,浓度检测限为 10^{-11} ~ 10^{-10} mol/L,只适用于电活性物质。电导法和电位法是测量两极间由于离子化合物的迁移引起的电导率或电位变化,电导检测通用性好,浓度检测限为10^{-8} ~ 10^{-7} mol/L。另外,质谱作为检测器,可与毛细管电泳仪联用。这2种技术联用是近年来发展起来的一种新型分离检测技术,它综合了毛细管电泳的高效快速分离与质谱强大的结构鉴定功能,广泛应用于生命科学研究中的各领域,成为分析生物大分子的重要工具之一。

4.4 PCR仪

普通的PCR仪实际上为一台温控仪,关键部件是温控模块。PCR仪有3种控温方法:①计算控制,它是最好的温度控制方法,具有较好的温度一致性、可靠性,仪器通过对样品的管子或玻片热传导的速度和样品体积进行模块温度估算,因为这种估算根据已知容量和热力学的规律,所以其温度控制比模块控制或探针控制更加精确。简短的程序操作能保护酶的活性并减少引物的损失。②模块控制,与计算控制相比,其精度较低,样品温度通常是在模块后才到达设置的温度,这种延迟时间是由管子的类型和样品体积引起的。③探针控制,可用于不同环境,但不能用于微型板和玻片。本节以荧光定量PCR仪为例进行相关介绍。

4.4.1 荧光定量PCR仪基本结构

荧光定量PCR可获得初始模板DNA的浓度,它是在PCR反应体系中加入荧光基团,利用反应过程中荧光信号积累监测整个PCR进程,最后通过标准曲线对起始模板进行定量分析的方法。荧光基团的引入有2种方法,分别是染料法和探针法。荧光定量PCR仪的关键部件是温控系统(热循环系统)、荧光激发和检测系统,此外还有样品系统和软件分析系统。图4.3为荧光定量PCR仪结构示意图。

1. 热循环系统

热循环系统通过半导体来进行加热或冷却,温度范围可控制在4 ~99.9 ℃,升降温速率在3.5 ℃/s以上。

2. 样品系统

样品系统相关参数:①样品通量:单管、8联管、96孔板;②反应体积:10 ~ 100 μL;③运行时间:小于2 h。样品无需移动,反应可降温至4 ℃来保存样品。

3. 荧光激发系统

荧光激发系统采用的激发光源为卤钨灯,滤光系统一般采取多光源滤光片结合荧光滤光片,可同时检测多种荧光染料。检测器采用CCD一次成像,检测方式为实时动态检测。

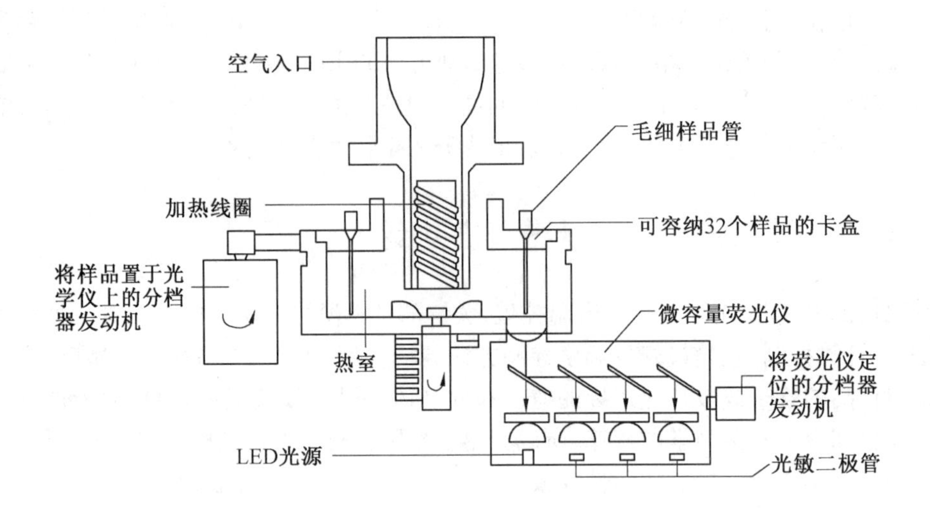

图 4.3 荧光定量 PCR 仪结构示意图

4. 荧光分析

在分析功能上,荧光定量 PCR 仪能进行绝对和相对定量,同时对无限个数据进行分析、比对和作柱形图,还可进行熔解曲线、突变和等位基因分析等。要进行绝对定量需要对已知浓度的目标模板溶液进行几次连续稀释,采用实时荧光定量 PCR 扩增,利用获得的数据生成标准曲线,标准曲线以各靶点浓度及相应的 C_t 值绘制,然后将未知样本的 C_t 值与此标准曲线进行比较,确定其拷贝数。注意若采用绝对标准曲线,目的靶点的拷贝数必须已知。相对定量技术适用于大多数基因表达研究,可分析校准样本和一个或多个实验样本中目的基因表达水平上调或下调。

4.4.2 荧光定量 PCR 定量原理

理论上,PCR 可呈指数型扩增 DNA,使每个扩增循环中的靶分子数倍增,在 PCR 问世之初,通过与已知标准品进行比较,利用循环数和 PCR 终产物的量可以计算出遗传物质的起始量。为达到可靠定量,实时荧光定量 PCR 技术得以问世。荧光定量 PCR 定量原理:荧光定量 PCR 使用的荧光基团包括能与双链 DNA 结合或在扩增过程中掺入 PCR 产物的染料分子,或与 PCR 引物或探针结合的染料分子。C_t 值是指 PCR 扩增过程中,荧光信号开始由本底进入指数增长阶段的阈值所对应的循环次数,初始 DNA 浓度越高,荧光达到域值时所需要的循环数越少。每次循环结束后通过荧光染料检测 DNA 的量,荧光信号与生成的 PCR 产物分子(扩增片段)数直接成正比,利用反应指数期采集的数据,生成有关扩增靶点起始量的定量信息。浓度的对数与循环数呈线性关系,根据样品扩增达到域值的循环数就可计算出样品中所含的模板量。

4.5 菌种的分离纯化

4.5.1 培养基

广义上讲,培养基是指一切可供生物细胞生长、繁殖的一组营养物质和原料。同时培养基也为生物培养提供除营养外的其他所必须的条件。培养中所需要的6大因素,包括水、碳源、氮源、无机盐、生长因子和能源。水为微生物生长繁殖和合成目的产物提供了必须的生理环境,它可调节细胞温度,因营养物、代谢物及氧气等必须溶解于水后才能通过细胞表面,故其除了具有直接参与代谢的功能外,还间接为细胞提供摄食及排泄行为的水环境。碳源提供微生物菌体生长繁殖所需要的能量、合成菌体所需要的碳骨架,以及菌体合成目的产物的原料。氮源主要用于构成菌体细胞物质和合成含氮代谢物,常用的氮源可分为2大类,即无机氮源和有机氮源。适当浓度的无机盐、微量元素和生长因子对微生物生长和产物合成有促进作用,各种不同微生物及同种微生物在不同生长阶段对最适浓度的要求均不同,常见的无机盐有KH_2PO_4、$MgSO_4$、KCl、$ZnSO_4$和$FeSO_4$等。

培养基按来源可分为天然培养基、合成培养基和半组合培养基。天然培养基是一类利用动、植物和微生物体或其提取物制成的培养基,这类培养基营养成分复杂且丰富。合成培养基是指按微生物的营养要求精确设计后用多种高纯化学试剂配制成的培养基,该类培养基的组成成分精确、重复性强。半组合培养基是指主要由化学试剂配制,同时还添加某些天然成分的培养基。按外观的物理状态,培养基可划分为液体培养基、固体培养基、半固体培养基和脱水培养基。按对微生物的功能培养基可划分为选择性培养基和鉴别性培养基。选择性培养基是指根据某微生物的特殊营养要求或其对某化学、物理因素的抗性而设计的培养基,广泛应用于菌种的筛选。鉴别性培养基是用于鉴别不同类微生物的培养基,通过在普通培养基中加入能与某种代谢产物发生反应的指示剂,从而产生某种明显的特性变化,以区别不同的微生物。根据所培养的微生物类群来划分,培养基还可分为细菌、放线菌和霉菌培养基。

培养基配制原则:①由于微生物营养类型复杂,不同微生物对营养物质的需求不一,应根据微生物营养需求配制针对性强的培养基;②营养物质浓度合适时微生物才能生长良好,浓度过低时不能满足正常生长需要,浓度过高则抑制生长,另外,各种营养物质的浓度与配比直接影响微生物生长繁殖和代谢产物的形成和积累,特别是C/N比影响较大;③将培养基的pH控制在一定范围内,以满足不同类型微生物的生长繁殖或产生代谢产物;④控制氧化还原电位,好氧性微生物一般只能在F值为+0.1 V以上时可以正常生长,以+0.3 ~ +0.4 V为宜,厌氧微生物只能在F值低于+0.1 V条件下生长,兼性厌氧微生物在F值为+0.1以上进行好氧呼吸,在+0.1 V以下时进行厌氧发酵。

4.5.2 纯种分离方法

纯种分离的一般操作方法有画线分离法、稀释分离法、富集培养法和厌氧法。

1. 画线分离法

画线分离法是指由接种环以无菌操作蘸取少许待分离的材料，在无菌平板表面进行平行画线、扇形画线或其他形式的连续画线稀释的方法。微生物细胞数量将随着画线次数的增加而减少，并逐步分散开来，而得到较多独立分布的单个细胞，经培养后生长繁殖成单菌落，通常把这种单菌落当作待分离微生物的纯种，画线分离具体操作步骤如图 4.4 所示。有时这种单菌落并非都由单个细胞繁殖而来的，故必须反复分离多次才可得到纯种。

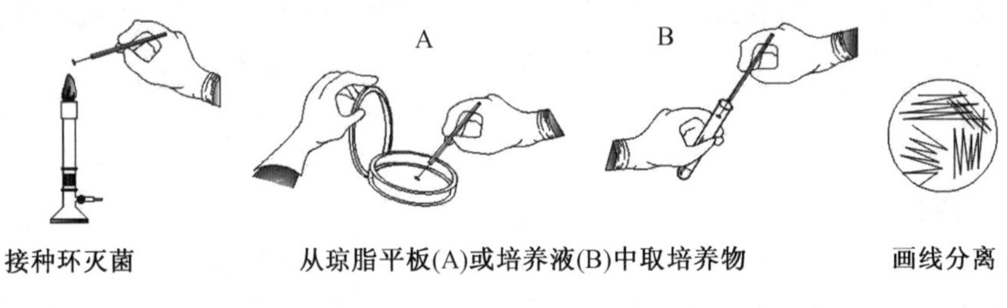

图 4.4　画线分离具体操作步骤

2. 稀释分离法

稀释分离法分为平板涂布法和平板倾注法。平板涂布法如图 4.5 所示，是指把微生物悬液适当的稀释后，取一定量的稀释液放在无菌的、已经凝固的营养琼脂平板上，然后用无菌的玻璃刮刀把稀释液均匀地涂布在培养基表面上，经恒温培养便可以得到单个菌落。平板倾注法如图 4.6 所示，是指把微生物悬液通过一系列稀释后，取

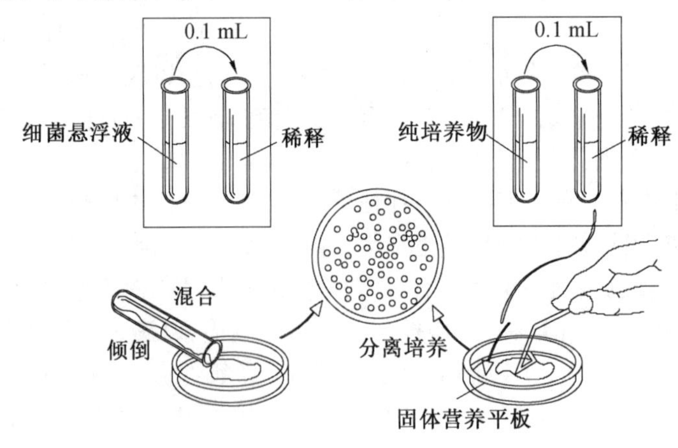

图 4.5　平板涂布法操作步骤

一定量的稀释液与熔化好的保持在40～50 ℃的营养琼脂培养基充分混合,然后把这混合液倾注到无菌的培养皿中,待凝固之后,把这培养皿倒置在恒温箱中培养。单一细胞经过多次增殖后形成一个菌落,取单个菌落制成悬液,重复上述步骤数次,便可得到纯培养物。平板倾注法的基本操作:先向培养皿中倾注一定量的菌液,然后再加入培养基,快速混匀,待培养基凝固后,放入培养箱中培养。

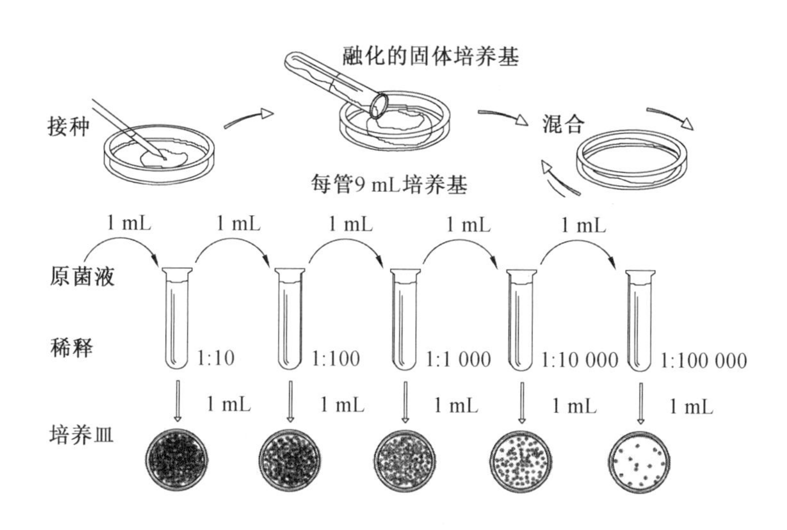

图4.6　平板倾注法操作步骤

3. 富集培养法

富集培养法的原理非常简单,即通过创造一些条件只让所需的微生物生长,在这些条件下,所需要的微生物能有效地与其他微生物进行竞争,在生长能力方面远远超过其他微生物。所创造的条件包括选择最适的碳源、能源、温度、光、pH、渗透压和氢受体等。在相同的培养基和培养条件下,经过多次重复移种,最后富集的菌株很容易在固体培养基上长出单菌落。如果要分离一些专性寄生菌,就必须把样品接种到相应敏感宿主细胞群体中,使其大量生长。通过多次重复移种便可以得到纯的寄生菌。

4. 厌氧法

厌氧法:为了分离某些厌氧菌,可以利用装有原培养基的试管作为培养容器,把这支试管放在沸水浴中加热数分钟,以便逐出培养基中的溶解氧;然后快速冷却,并进行接种;接种后,加入无菌的石蜡于培养基表面,使培养基与空气隔绝。另一种方法是,在接种后,利用 N_2 或 CO_2 取代培养基中的气体,然后在火焰上把试管口密封。有时为了更有效地分离某些厌氧菌,可以把所分离的样品接种于培养基上,然后再把培养皿放在完全密封的厌氧培养装置中。

第5章　水质物化分析技术

5.1　概　　述

5.1.1　总碳测定

水体中的碳呈多种形态，总碳（Total Carbon，简称TC）是指所有的有机和无机碳物种的总和，其测定的过程是将总碳氧化生成二氧化碳。水中无机碳包括溶解性CO_2、H_2CO_3、HCO_3^-和CO_3^{2-}；有机碳包括糖类等非挥发性有机碳，硫醇、断链烷烃和醇等挥发性水溶性有机碳，水不溶性低分子量油等部分挥发性碳。天然水体中有机物的种类繁多，目前，还不能全部进行分离鉴定，因此很难评价水体中有机物具体组成及含量。总有机碳（Total Organic Carbon，简称TOC）是指水体中溶解性和悬浮性有机物含碳的总量，作为一个快速测定的综合指标，它的数值被用来评价水体有机物污染程度。但它不能反映水中有机物的种类和组成，因此更不能反映总量相同的总有机碳所造成的不同污染后果。TOC超过限值，只能间接说明水中的细菌、病毒、抗菌药物、化学农药、多环芳烃有机物等物质可能超标。

样品在室温下酸化后，用气流吹扫/鼓泡后，仍然留下的TOC部分为不可吹除有机碳（Non-purgeable Organic Carbon，简称NPOC），而除去的TOC部分为可吹除有机碳（Purgeable Organic Carbon，POC），当POC可忽略时，TOC≈NPOC。

总碳测定常用的氧化技术有：燃烧氧化法、紫外线氧化法、过硫酸盐氧化法、紫外/过硫酸盐氧化法及超临界氧化法等；而对CO_2的检测方法又分：非分散红外线检测，直接电导率检测以及选择性薄膜电导率检测等。

5.1.2　吸附法

吸附（Adsorption）被定义为一个或多个组分在界面上的富集或损耗，是由吸附质与吸附剂表面分子间结合引起的，这些作用力分为2大类，即物理作用力和化学作用力，它们分别引起物理吸附和化学吸附。物理吸附由吸附质与吸附剂分子间引力所引起，结合力弱，吸附热比较小，容易脱附，如活性炭对气体的吸附。化学吸附则由吸附质与吸附剂间的化学键所引起，吸附常是不可逆的，吸附热通常较大，如气相催化加氢中镍催化剂对氢的吸附。吸附剂通常情况下由固体充当，当液体或气体混合物与吸附剂长时间充分接触后，系统达到平衡，吸附质的平衡吸附量首选取决于吸附剂的化学组成和物理结构，同时与系统的温度和压力以及该组分和其他组分的浓度或分压有关。对于种类繁多的固体来说，它们的表面积和孔隙率（或孔体积）在吸附现象中起着相互补偿的作用，而通过测量气体或蒸汽的吸附量，能够获取固体表面和孔结构的信息。

固体多孔材料的几个重要物理参数有比表面积、孔径分布和孔容积。比表面积是指1 g固体物质的总表面积，即物质晶格内部的内表面积和晶格外部的外表面积之和，是评价粉末及多孔材料的活性、吸附、催化等多种性能的一项重要参数。固体表面由于多种原因总是凹凸不平，凹坑深度大于凹坑直径就成为孔。孔径分布是指不同尺寸的孔所占的比例分布，根据孔半径的大小，固体表面的孔可以分成4类：微孔，尺寸<2 nm，活性炭、沸石、分子筛会有此类孔；中孔，尺寸为2～50 nm，多数超细粉体属这一范围；大孔，尺寸为50～7 500 nm，Fe_3O_4、硅藻土等含此类孔；巨孔，尺寸大于7 500 nm。孔容积或孔隙率是指单位质量的孔体积。概括吸附现象特性的参数有吸附量、吸附强度、吸附状态等，而宏观描述这些特性的是吸附等温线。在等温条件下，通过测定不同压力下材料对气体的吸附量，可获得等温吸附线，应用适当的数学模型推算材料的比表面积、多孔材料的孔容积及孔径分布等。

1. 吸附等温线

吸附等温线（Adsorption Isotherm）是指在一定温度下溶质分子在两相界面上进行的吸附过程达到平衡时，它们在两相中浓度之间的关系曲线。依据固体吸附剂的不同，吸附等温线种类很多，虽然如此，这些物理吸附等温线大部分可归于6种典型吸附等温线，如图5.1所示，这种分类方法由国际理论与应用化学联合会提出（International Union of Pure and Applied Chemistry，简称IUPAC）。

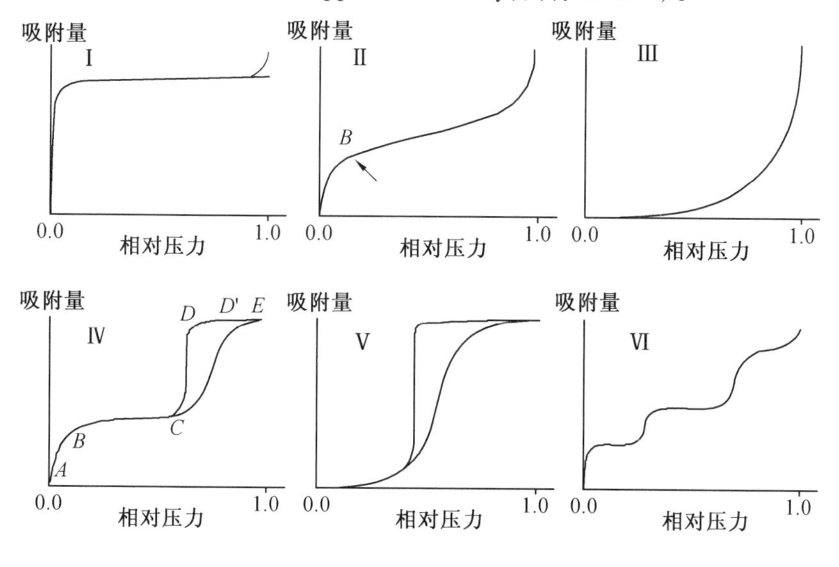

图5.1　6种典型吸附等温线

(1)单分子层分子吸附理论与 Langmuir 方程。

Langmuir 型分子吸附模型是应用最为广泛的分子吸附模型,它是根据分子间力随距离的增加而迅速下降的原理,提出气体分子只有碰撞固体表面与固体分子接触时才有可能被吸附,即气体分子与表面相接触是吸附的先决条件。单分子层吸附理论适用于 Langmuir 型分子吸附模型,固体表面存在没有饱和的原子力场,当气体与之接触时就会被吸附在固体表面,一旦表面上覆盖满一层气体分子,这种力场就得到了饱和,吸附就不再发生,因此,吸附是单分子层的。Langmuir 方程建立的 3 个假设:单层表面吸附、开放且均一的表面、吸附分子间不存在作用力。不饱和力场范围相当于分子直径$(2\sim3)\times10^{-10}$ m,只能为单分子层吸附,固体表面各处吸附能力相同,吸附热是常数,不随覆盖程度而变。吸附与解吸难易程度,与周围是否有被吸附分子无关,即被吸附分子间无相互作用力。当气体碰撞到空白表面时,可被吸附,被吸附的分子也可重新回到气相而解吸,吸附速率与解吸速率相等时,即达到吸附平稳。由于 Langmuir 方程建立在均匀表面假设上,而真实的表面都是不均匀的,因此它的应用存在一定的局限性,在实际使用中常常需对表面的不均一性进行修正。Langmuir 方程的线性形式:

$$\frac{p}{V}=\frac{1}{V_{\mathrm{m}}b}+\frac{p}{V_{\mathrm{m}}} \tag{5.1}$$

式中 V——气体吸附量,cm^3;

V_{m}——单层饱和吸附量,cm^3;

p——吸附质(气体)压力,Pa;

b——常数。

以 $p/V\sim p$ 作图,根据斜率和截距即可求得 V_{m} 和 b。质量比表面积 S_W 可通过单层容量和每个分子在一个完整的单层上所占有的平均面积 S 求出,其中

$$S=\frac{V_{\mathrm{m}}\sigma N}{V_0} \tag{5.2}$$

式中 V_{m}——单分子层饱和吸附量,cm^3;

V_0——1 mol 吸附质的体积(标准态),$22.414\times10^3\ \mathrm{cm}^3$;

N——阿伏伽德罗常数,即 1 mol 的任何物质所含的分子数,6.022×10^{23};

σ——吸附质分子横断面积,m^2;

S——平均面积,m^2。

即只要得到单分子层饱和吸附量 V_{m},即可求出质量比表面积 S_W。当用氮气作吸附质时,其分子横断面积在 77 K 温度下为 $0.162\ \mathrm{nm}^2$,S_W 由下式求得:

$$S_W=\frac{4.35V_{\mathrm{m}}}{W} \tag{5.3}$$

式中 V_{m}——单分子层饱和吸附量,cm^3;

W——吸附质的质量,g;

S_W——质量比表面，m^2/g。

Ⅰ型等温线在相对压力低区域，气体吸附量表现为一个快速增长过程，这归因于微孔填充，随后的水平或近水平平台，表明微孔已经充满，没有或几乎没有进一步的吸附发生，当达到饱和压力时，可能出现吸附质凝聚。

（2）多分子层吸附理论与 BET 方程。

在临界温度以下的物理吸附中，多分子层吸附远比单分子层吸附普遍。多分子层吸附理论认为，物理吸附是由范德华力引起的，由于气体分子间同样存在范德华力，因此气体分子也可以被吸附在已经被吸附的分子上，形成多分子层吸附。BET 方程建立的假设：与 Langmuir 方程相同的假设，除此之外，第 1 层的吸附热是常数，第 2 层以后各层的吸附热都相等并等同于凝聚热，吸附是无限层。BET 方程的局限性在于，其同样存在表面均一性、定位吸附的假设，认为同层中被吸附分子只受固体表面或里层已经被吸附的分子的吸引，而同层中的相邻分子之间没有作用力。

目前，BET 被公认为测量固体比表面的标准方法，其中氮吸附法是最常用、最可靠的方法。氮吸附法分为静态容量法、静态重量法和动态法 3 种。BET 法是 BET 比表面积检测法的简称，该法以著名的 BET 理论为基础而得名，即由 3 位科学家 Brunauer、Emmett 和 Teller 推导出的多分子层吸附公式（BET 吸附等温方程，简称 BET 方程），该公式成为了颗粒表面吸附科学的理论基础，并被广泛应用于颗粒表面吸附性能研究及相关检测仪器的数据处理中。BET 吸附等温方程的线性形式：

$$\frac{p}{V(p_0-p)}=\frac{1}{V_m C}+\frac{C-1}{V_m C}\times\frac{p}{p_0} \tag{5.4}$$

式中　V——气体吸附量，cm^3；

V_m——单分子层饱和吸附量，cm^3；

p——吸附质压力，Pa；

p_0——吸附质饱和蒸气压，Pa；

C——常数。

实验测定的固体的吸附等温线，可得到一系列不同压力 p 下的吸附量值 V，以 $p/V(p_0-p)\sim p/p_0$ 作图，得到一条直线，其中截距为 $1/V_m C$，斜率为 $(C-1)/V_m C$，$V_m=1/$（截距+斜率），代入式（5.3），即求得比表面积。

把式（5.4）改写得到如下方程：

$$n=\frac{V}{V_m}=\frac{p/(p_0-p)}{(1/C)\times[1-(p/p_0)]+p/p_0} \tag{5.5}$$

式中　n——吸附层数。

由式（5.5）可知，吸附剂表面的吸附层数受 2 个因素的影响；其一是吸附质相对压力 p/p_0；其二是 C 值，C 值越大，吸附层越多，因此 C 值提供了与吸附剂吸附能力相关的信息，具有重要的意义。

BET 方程能够较好地解释开放表面的吸附现象，可对Ⅱ和Ⅲ型等温线进行解释。但如果吸附剂是多孔的,吸附空间就是有限的,吸附的层数受到孔尺寸的限制,因此,BET方程在推导的过程中,吸附层上限只能为N,尽管N层BET方程考虑了吸附空间对吸附层的限制,但在解释Ⅳ和Ⅴ等温线时还是遇到了困难。

Ⅱ和Ⅲ型等温线具有不同的形状,区别在于C值的不同,C值由大变小时,等温线就逐渐由Ⅱ型过渡到Ⅲ型。

Ⅱ型等温线:固体表面对被吸附分子的作用力大于被吸附分子之间的作用力,即第1层吸附比以后各层吸附强烈很多,第1层接近饱和以后第二层才开始,于是,等温线在p/p_0较低区出现一个比较明显的拐点(B点),然后,随着p/p_0的增加,开始发生多分子层吸附,随着吸附层数的增加,吸附量逐渐增加,直到吸附的压力达到气体的饱和蒸气压、发生液化凝聚,这时,吸附量在压力不变的情况下垂直上升。

Ⅱ型等温线一般由非孔或大孔固体产生,B点通常被作为单层吸附容量结束的标志。

Ⅲ型等温线:与Ⅱ型等温线不同的是,固体表面与被吸附分子之间的作用力比较弱,而被吸附的分子之间作用力比较强,往往单分子层吸附还没有完成,多分子层吸附已经开始。此类型的曲线以向相对压力轴凸出为特征,在非孔或大孔固体上发生弱的气-固相互作用时出现,且不常见,最具代表性的是水蒸气在炭黑表面的吸附,因水分子之间能够形成很强的氢键,表面一旦吸附了部分水分子,第2层、第3层等就很容易形成。

(3)毛细孔凝聚理论和Kelvin方程。

在测定多孔介质的吸附等温线时,常出现脱附滞后现象,即在同一压力下,吸附等温线中吸附分支与脱附分支不相重合,脱附曲线高于吸附曲线,形成所谓"吸附-脱附回路",而"吸附-脱附回路"出现的原因是气体凝聚时,孔中的吸附膜起了成核作用。当相对压力达到开尔文(Kelvin)方程所决定的数值时,在此核心上就能发生凝聚作用。当压力降低,就发生逆过程蒸发,蒸发与凝聚并不是严格相互可逆,当两者相同时,则吸附等温线的吸附分支与脱附分支重叠,否则就产生脱附滞后现象。

在毛细管内,液体在毛细管内会形成弯曲液面。如果要描述一个曲面,一般用两个曲率半径r_1和r_2表示,它们与弯曲液面的附加压力Δp和表面张力σ,可以用Young-Laplace方程表示为:

$$\Delta p=\sigma\left(\frac{1}{r_1}+\frac{1}{r_2}\right) \tag{5.6}$$

r_m为平均曲率半径,可表示为:

$$\frac{2}{r_m}=\frac{1}{r_1}+\frac{1}{r_2} \tag{5.7}$$

对于球形曲面,$r_1=r_2=r_m$,则Young-Laplace方程可简化为:

$$\Delta p=\frac{2\sigma}{r_m} \tag{5.8}$$

液体弯月面上的平衡蒸汽压 p 小于同温度下的饱和蒸汽压 p_0，即在低于 p_0 的压力下，毛细孔内就可以产生凝聚液，而且吸附质压力 p/p_0 与发生凝聚的孔的直径一一对应，孔径越小，产生凝聚液所需的压力也越小。

结合 Young-Laplace 方程，Kelvin 方程可简化为线性形式：

$$\ln\frac{p}{p_0}=-\frac{2\sigma V_L}{RT}\times\frac{1}{r_m} \tag{5.9}$$

Kelvin 方程给出了发生毛细孔凝聚现象时，孔尺寸(V_L)与相对压力间的定量关系，即对于具有一定尺寸的孔，只有当相对压力 P/P_0 达到与之相应的某一定值时，毛细孔凝聚现象才开始，而孔越大发生凝聚所需要的压力越大。当 $r_m\approx\infty$ 时，$P/P_0=1$，表明当大平面上发生凝聚时，压力等于饱和蒸汽压。在发生毛细孔凝聚之前，孔壁上已经发生多分子层吸附，即毛细凝聚是发生在吸附膜之上的，在发生毛细孔凝聚过程中，多分子层吸附还在继续进行。在进行问题分析时，为将问题简化，可将毛细凝聚和多分子层分开讨论。

Ⅳ型和Ⅴ型等温线：Ⅳ型等温线，临界温度以下，气体在中孔吸附剂上发生吸附时，首先形成单分子吸附层，对应图5.1所示 AB 段，当单分子层吸附接近饱和时，达到 B 点，开始发生多分子层的吸附，从 A 点到 C 点，由于只发生了多分子层吸附，都可以用 BET 方程描述。当相对压力达到与发生毛细凝聚的 Kelvin 半径所对应的某一特定值时，开始发生毛细凝聚。如果吸附剂的孔分布比较窄，即中孔的大小比较均一，CD 段就会比较陡，如果孔分布比较宽，吸附量随相对压力的变化就比较缓慢，如 CD' 段所示。当孔全部被填满时，吸附达到饱和，如 DE 段(或 $D'E$ 段)所示。当吸附剂与吸附质之间作用力比较弱时，就会出现Ⅴ型等温线。

Ⅳ型等温线由介孔固体产生，在 P/P_0 值较高区域可观察到一个平台，有时以等温线的最终转而向上结束。Ⅴ型等温线的特征是向相对压力轴凸起，来源于微孔和介孔固体上的弱气-固相互作用，相对不常见。

(4)微孔填充理论和 DR 方程。

微孔填充理论是建立在 Polanyi 吸附势理论基础上，解释气体分子在微孔吸附剂表面吸附行为的理论。Polanyi 理论认为，固体周围存在吸附势场，气体分子在势场中受到吸引力的作用而被吸附，该势场是固体固有的特征，与是否存在吸附质分子无关。将1 mol 气体从主体相吸引到吸附相所做的功定义为吸附势。如果吸附温度远低于气体临界温度，设气体为理想气体，吸附相为不可压缩的饱和液体，则吸附势 ε 可表示为：

$$\varepsilon=RT\ln\frac{P_0}{P} \tag{5.10}$$

式中，P_0 为气体的饱和蒸汽压。如果吸附作用力主要是色散力，则吸附相体积对吸附势的分布曲线具有温度不变性，吸附势的大小与温度无关。上述分布曲线被称为特征曲线，对于任意的吸附体系，特征曲线是唯一的，因此只要测出一个温度下的吸附等温线，便可以得到任何温度下的吸附等温线。气体与活性炭的相互作用主要靠色散力，吸附势理论对于活性炭吸附体系非常成功。但是临界温度以上，吸附相的密度，以及与之对应的压力都是未知的，因此，无法确定超临界温度条件下的吸附势。

Dubinin 等将吸附势理论引入微孔吸附的研究中，创立了微孔填充理论，该理论又称为 Dubinin-Polanyi 吸附理论。该理论认为，具有分子尺度的微孔，由于孔壁之间距离很近，发生了吸附势场的叠加，这种效应使得气体在微孔吸附剂上的吸附机理完全不同于开放表面的吸附机理，微孔内气体的吸附行为是孔填充，而不是 Langmuir 和 BET 等理论所描述的表面覆盖。在微孔吸附过程中，被填充的吸附空间（吸附相体积）相对于吸附势的分布曲线为特征曲线，在色散力起主要作用的吸附体系，该特征曲线同样具有温度不变性。

DR 方程是用该方程的发明者 Dubinin 和 Radushkevich 名字的缩写命名的一个吸附方程，用于描述微孔填充吸附过程。DR 方程是建立在 3 个假设基础上：微孔填充率（V/V_0）是吸附势的函数，相似系数（β，即表示参考流体的相似程度）是常数，孔分布是 Gaussian 型。

$$\frac{V}{V_0}=e^{-K(\varepsilon/\beta)^2} \tag{5.11}$$

式中　V——某一相对压力下的吸附体积，cm^3；

V_0——吸附达到饱和时的吸附体积，cm^3；

β——相似系数；

K——与孔结构有关的常数。

代入吸附势 ε 表达式（式(5.10)），可将 DR 方程转化为如下形式：

$$\lg V=\lg V_0-D\lg^2\left(\frac{p_0}{p}\right) \tag{5.12}$$

式中，$D=2.303(RT/\beta E_0)^2$，βE_0 为特征吸附能，E_0 为参考流体的特征吸附能。$\lg V$ 对 $\lg^2(p_0/p)$ 作图能够得到一条直线，通过截距得到饱和吸附量或微孔体积，DR 方程一个非常重要的作用就是计算微孔的比表面积，一般都采用 CO_2 273 K吸附等温线进行 DR 标绘，如果已知 CO_2 分子的大小，即可算出比表面积。

Ⅵ等温线：BET 多分子层理论的一个假设是被吸附的分子只受固体表面或下面一层已经被吸附的分子作用，同层的相邻分子之间不存在作用力。当气体在不均匀表面上发生吸附时，吸附分子之间的侧面作用常被表面的不均匀性所掩盖。如果能完全排除表面不均匀性的影响，真正均匀表面上吸附分子之间的侧面作用不能忽略，吸附达到一定压力时，就会发生二维凝聚，导致等温线呈阶梯状，每 1 台阶代表吸满 1 个分子层。具有球对称结构的非极性气体分子，例如氩、氪、甲烷在经过处理的炭黑上的吸附等温线就是阶梯状。这种台阶来源于均匀非孔表面的依次多层吸附，这种等温线的完整形式，不能由液氮温度下的氮气吸附来获得。

2. 测量氮吸附量的主要方法

以上分析可知,通过气体吸附的理论,只要能够测定在一定条件下固体表面吸附或脱附的气体量,就可以用相应的理论方程计算出固体的比表面和孔径分布,测量方法主要有如下几种。

(1)静态重量法。

在吸附系统中,用高精密天平,直接测定气体吸附量,其精度取决于天平的精度,一般认为这类测试方法不适用于小比表面的测量。

(2)静态容量法。

在已知容积的密闭系统中,放入吸附剂,在一系列的氮气压力下,达到吸附平衡,这时系统中的气体压力、温度和容积符合气态方程:$PV=nRT$;每一个压力变化的始态和终态所求得的气体量之差,即代表着压力变化后吸附剂吸附或脱附的气体量。

目前,进口的氮吸附比表面和孔径分析仪大多采用静态容量法,比表面的测定范围是0.1~2 000 m^2/g,孔径范围是2~30 nm。

(3)动态法。

动态法又可称连续流动色谱法。动态法的基本特征是在气体吸附或脱附的全过程中,用气相色谱技术连续测得吸附或脱附的气体量。流动色谱法的核心是采用热导池工作站,实际上是一种气体浓度传感器系统,它可以把样品表面吸附或脱附时造成的气体浓度的变化转换成一个电信号,并在时间-电位曲线上得到一个吸附(或脱附)峰,该峰面积对应于一定的气体吸附量,换言之,通过该峰面积求得气体吸附量。

3. 孔径分布的测定方法

气体吸附法测定材料的孔径分布是利用毛细冷凝和体积等效交换原理,即以被测材料孔中充满的液氮量等效孔的体积。吸附理论假设孔的形状为圆柱形管状,从而建立毛细凝聚模型。由毛细凝聚理论可知,在不同的 p/p_0 下,能够发生毛细凝聚的孔径范围是不同的,随着 p/p_0 的增大,能够发生凝聚的孔半径也随之增大,对应于一定的 p/p_0,存在一个临界孔半径 r_k,半径小于 r_k 的所有孔皆发生毛细凝聚,液氮在其中填充,大于 r_k 的孔皆不会发生毛细凝聚,液氮不会在其中填充。临界半径可由Kelvin方程给出:

$$r_k=-\frac{0.414}{\lg(p/p_0)} \tag{5.13}$$

式中,r_k 称为Kelvin半径,公式表示出开始产生毛细凝聚液的孔径 r_k 与吸附质分压的关系,它完全取决于相对压力 p/p_0,即在某一 p/p_0 下,开始产生凝聚现象的孔半径为一确定值,同时可以理解为当压力低于这一值时,半径大于 r_k 的孔中的凝聚液将气化并脱附出来。

根据毛细凝聚理论,按照圆柱孔模型,把所有微孔按孔径分为若干孔区,这些孔区由大到小排列。当$p/p_0=1$时,由公式(5.13)可知,$r_k \to \infty$,即这时所有的孔中都充满了凝聚液,当压力由1逐级变小,每次大于该级对应孔径孔中的凝聚液就被脱附出来,直到压力降低至0.4时,可得每个孔区中脱附的气体量,把这些气体量换算成凝聚液的体积,就是每一孔区中孔的体积。综上所述,在气体分压从0.4~1的范围中,测定等温吸(脱)附线,按照毛细凝聚理论,即可计算出固体孔径分布,孔径测定的范围是2~50 nm。

实际过程中,凝聚发生前在孔内表面已吸附上一定厚度的氮吸附层,该层厚也随p/p_0值而变化,因此在计算孔径分布时需进行适当的修正。

实际发生凝聚时,其厚度吸附膜t也决定于p/p_0,可用Halsey方程表达如下:

$$t=0.354\times\left[\frac{-5}{\ln(p/p_0)}\right]^{\frac{1}{3}} \tag{5.14}$$

因此,与p/p_0相对应的孔的实际尺寸r_p为

$$r_p=r_k+t \tag{5.15}$$

5.1.3 絮凝法

絮凝是指脱稳胶体相互聚结成大的絮凝体的过程。凝聚是指水中胶体失去稳定并形成微小聚集体的过程。混凝是水中胶体粒子以及微小悬浮物的聚集过程,是凝聚和絮凝的总称。水中的胶体杂质,粒子尺寸大约在1 nm~1 μm之间,直接进行沉淀分离而达到去除的目的几乎不可能。这是因为从某种程度上讲,胶体在水中可呈长期稳定的分散悬浮状态。而打破胶体在水中的稳定性,需要施加一定条件使胶体相互碰撞聚结成大颗粒。

1. 胶体的稳定性

胶体的动力稳定性、带电稳定性和溶剂化作用稳定性是胶体稳定的原因。胶体的动力稳定性是由布朗运动引起的,胶体颗粒尺寸很小,无规则的布朗运动强,对抗重力影响的能力强而不下沉,胶体颗粒均匀分散在水中而稳定。胶体的带电稳定性是由静电斥力引起的,静电斥力对抗范德华引力,使胶体颗粒保持分散状态而稳定。亲水性胶体颗粒与水分子的相互作用,使胶体颗粒周围包裹一层较厚的水化膜,阻碍2个胶体颗粒相互靠近,使胶体颗粒保持分散状态而稳定。对于憎水胶体而言,动力稳定性和带电稳定性起主要作用;对于亲水胶体而言,水化作用稳定性占主导地位,带电稳定性则处于次要地位。

胶体颗粒的最内层称为胶核,胶核表面因吸附电位形成离子而带电,表面带电的胶核再通过静电引力作用吸附溶液中的反离子到周围,构成胶体的双电层结构。胶核表面的电位形成离子和其吸附的束缚反离子合称为吸附层。随着胶核表面与主题

溶液距离的逐渐增大，反离子浓度变小且向溶液中扩散的趋势增强，这层反离子称为自由反离子，构成扩散层，它不随胶粒移动。胶核与吸附层合称胶粒，胶粒与扩散层合称胶团。在胶粒与扩散层之间形成滑动界面，当胶粒移动时滑动面与外层的电位差称为移动电位，此参数可由 ζ 电位测定仪获得。

DLVO 理论认为，大量胶体颗粒共存时，它们之间存在一定的作用规律。当两胶体颗粒相互靠近且双电层发生重叠时，两者间存在范德华引力和静电斥力。排斥势力由两胶粒间静电斥力产生，随胶体颗粒表面间距增大而呈指数关系减少，而由范德华引力产生的吸引势能，与胶体颗粒表面间距成反比。排斥势能和引力势能相加和，即为总势能。当2个胶体颗粒由远靠近时，首先起作用的是排斥势能，如果能够克服排斥能峰进一步靠近到某一距离时，吸引势能才开始起作用。由于胶体颗粒的布朗运动能量远小于排斥能峰，故2个胶体颗粒不能相互靠近发生凝聚，而保持稳定。要使2个胶体颗粒相互靠近并凝聚下沉，应降低 ζ 电位，减少静电斥力，降低排斥能峰。

2. 胶体的凝聚机理

(1)压缩双电层作用机理。

在胶体溶液中加入电解质后，溶液中的高价态反离子浓度增高，通过静电引力置换出胶体原来吸附的低价反离子，扩散层厚度缩小，产生压缩双电层作用，使 ζ 电位降低，从而使胶体颗粒失去稳定性，产生凝聚作用。该机理认为 ζ 电位最多可降至0，因而不能解释混凝剂投加过多、混凝效果反而下降的现象，以及与胶粒带同样电性的聚合物或高分子有良好的混凝效果。

(2)吸附-电中和作用机理。

吸附-电中和作用是指胶粒表面吸附异号离子、异号胶粒或链状带异号电荷的高分子，从而中和了胶体所带的部分电荷，减少了静电斥力，使之容易与其他颗粒接近而互相吸附。吸附作用的驱动力包括静电引力、氢键、配位键、范德华引力等。此理论可解释当药剂投加量过多时，ζ 电位可反号，胶体发生再稳定现象。

(3)吸附-架桥作用机理。

吸附-架桥作用是指高分子物质与胶粒的吸附与桥连。当高分子链的一端吸附了某一胶粒后，另一端又吸附另一胶粒，形成“脱粒-高分子-胶粒”的絮凝体。高分子絮凝剂投加后，通常可能出现2个现象：投量过少时，不足以形成吸附架桥；投加过多时，会出现“胶体保护”现象。

(4)网捕-卷扫作用机理。

网捕-卷扫作用主要是一种机械作用，当铝盐、铁盐等混凝剂投量很大而形成大量具有三维立体结构的水合金属氧化物沉淀时，可以网捕、卷扫水中胶体，产生沉淀分离。所需要混凝剂的量与原水杂质含量成反比，即当原水胶体含量少时，所需要的混凝剂多，反之亦然。

3. 絮凝机理

颗粒相互碰撞的动力来自两个方面,一方面是颗粒在水中的布朗运动,另一方面是水力或机械搅拌推动产生的液体运动。由布朗运动引起的颗粒碰撞聚集为异向絮凝,随着胶体颗粒发生碰撞使颗粒由小变大,布朗运动会随之减少。由水力或机械搅拌推动产生的流体运动,2 个胶体颗粒是在同一运动方向上发生碰撞,故引起的颗粒碰撞聚集为同向絮凝。

4. 影响混凝效果的因素

影响混凝效果的因素除了原水本身的水质,还包括水温、pH、碱度、水中各化学成分(如浊质颗粒、有机污染物)的含量及性质等,以及人为操作条件(如水力条件、混凝剂种类及用量、投加方式等)。

(1)水温的影响。

无机混凝剂水解是吸热反应,低温时水解困难。低温水黏度大,颗粒运动阻力大,布朗运动减弱,不利凝聚;水流剪力增大,影响絮凝体的成长,胶体颗粒水化作用增强,不利于颗粒间的黏附。因此,水温低时,通常絮体形成缓慢,絮凝颗粒细小、松散,混凝效果较差。

(2)pH 的影响。

水的 pH 直接与水中胶体颗粒的表面电荷和电位有关,不同的 pH 下胶体颗粒的表面电荷和电位不同,所需要的混凝剂量也不同。水的 pH 对混凝剂的水解反应有显著影响,不同混凝剂对 pH 的适应范围不同,水解产物的形态不同,混凝效果也各不相同。但是,高分子混凝剂的混凝效果受 pH 的影响较小。

值得注意的是,在混凝剂的水解过程中不断产生 H^+,所以必须有足够的碱性物质与其中和,如果碱度不足,应投加碱性物质来提高混凝效果。

(3)水中浊质颗粒浓度的影响。

原水中悬浮物浓度太高时,混凝剂投量加大,为节约混凝剂,通常先预沉或投加高分子助凝剂。水中的浊度很低时,颗粒碰撞速率大大减少,混凝效果差。可通过投加高分子助凝剂,利用吸附架桥作用提高混凝效果。另外,可采取投加矿物或黏土颗粒,增加混凝剂水解产物的凝结中心,提高颗粒碰撞速率并增加絮凝体密度。

(4)水中有机污染物的影响。

水中溶解性有机物分子吸附在胶体颗粒表面形成有机涂层(Organic Coating),将胶体保护起来,阻碍胶体颗粒间的碰撞。通常采用投加预氧化剂如高锰酸钾、臭氧和氯等,破坏有机物对胶体的保护作用,以改善混凝效果,降低混凝剂消耗量。

(5)混凝剂种类与投加量。

混凝剂的种类很多,按分子量大小可划分为无机盐类与高分子混凝剂 2 大类。

无机盐类混凝剂应用最广的是铝盐,如硫酸铝、硫酸铝钾和铝酸钠等,其次是铁盐,如三氯化铁、硫酸亚铁和硫酸铁等。高分子混凝剂又分为无机和有机2大类.其中,无机高分子混凝剂中,使用较广泛的是聚合氯化铝;有机类高分子絮凝剂中聚丙烯酰胺使用最普遍,但因该物质对环境可能有危害,以及其聚合物单体丙烯酰胺有剧毒,对水体应用时应给予特别注意。

最佳混凝剂种类及剂量受各种控制因素影响,需要通过实验确定。混凝剂投加过多会产生胶体再稳现象,会使水中原来带负电荷的胶体变成带正电荷的胶体,因为胶核表面吸附了过多的正离子,使胶体重新稳定。

(6)水力条件的影响。

水力条件包括水力强度和作用时间。混合阶段要求混合快速剧烈,通常在10~30 s,以使混凝剂能迅速均匀地分散到原水中。絮凝阶段使已脱稳的胶体颗粒通过异向絮凝和同向絮凝的方式逐渐增大,搅拌强度和水流速度应随着絮体的增大而逐渐降低,且应保证有一定的絮凝作用时间。

5.2 TOC分析仪

按工作原理不同,TOC分析仪可分为燃烧氧化-非分散红外吸收法、燃烧氧化-电导法、燃烧氧化-气相色谱法、湿法氧化-非分散红外吸收法等。其中,燃烧氧化-非分散红外吸收法因只需一次性转化、流程简单、重现性好、灵敏度高等优点而被广泛采用。燃烧氧化-非分散红外吸收法又可分为差减法和直接法。

(1)差减法测定总有机碳:水样分别被注入高温燃烧管和低温反应管中。经高温燃烧管的水样受高温催化氧化,使有机物和无机碳酸盐均转换成为CO_2;经低温反应管的水样受酸化而使无机碳酸盐分解成CO_2,两者所生成的CO_2依次导入检测器,从而分别测得水中的总碳(TC)和无机碳(IC)。总碳和无机碳的差值即为总有机碳(TOC)。

(2)直接法测定总有机碳:将水样预先酸化,再通N_2曝气,使无机碳酸盐均转换成为CO_2而被驱除后,再注入高温燃烧管中,可直接测定总有机碳。一些TOC分析仪器可以将酸化的样品直接注入,样品中无机碳转换成CO_2经分配管进行气液分离而被空气带走,含有机碳的溶液进入高温炉被分解后直接测定。由于在曝气过程中会造成水样中挥发性有机物的损失而产生误差,直接测定法的结果只代表不可吹出的有机碳的值。

岛津TOC-V_{CPH}型TOC测定仪的流程图如图5.2所示,仪器由进样系统、IC反应器、TC反应器、UV灯、注射器、八通进样阀、卤素脱除器、除湿用电子冷凝器、检测系统等组成。

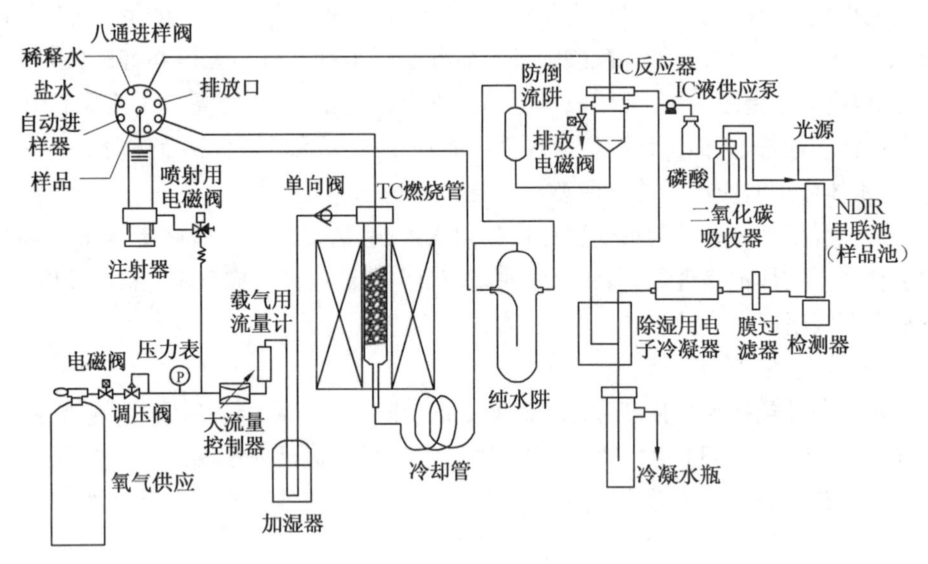

图 5.2　岛津 TOC-V_{CPH} 型 TOC 测定仪的流程图

5.2.1　进样系统

进样系统的自动进样：样品通过电机驱动的注射器泵自动地取样和注入，自动计算最优进样体积，为了防止记忆效应，自动进样前用样品清洗。此法方便，重现性好，可减少操作误差，批次顺序进样、节省了人力。

多功能样品处理进样系统由八通阀来完成。

八通阀兼有取样、进样、加酸、清洗流路、样品自动稀释、IC 去除的多重功能。其 8 个通道分别是酸入口（去除 IC 用酸）、量程校正标准液入口、离线样品入口、在线样品入口、稀释水（兼清洗水）、排气出口（也用于测定 IC、POC）、送入燃烧管（用于测定 TC）、废液排出口。

5.2.2　检测系统

检测系统中测定 CO_2 的方法包括非色散红外（Non-Dispersive Infrared，简称 NDIR）检测、电导率检测、库仑滴定和火焰离子化检测器（Flame Ionization Detector，简称 FID）检测等。电导率检测的原理在于形成的 CO_2 溶解于水中，生成 H_2CO_3、HCO_3^- 和 CO_3^{2-} 引起水的电导率（电阻率）发生变化。有机污染物多是非离子性的，标准的电导率（电阻率）测量是检测不出的。因此，低的电导率测量值可能检测不出很高的 TOC 污染。此法受含氮、含硫化合物及卤代化合物干扰，不适合于大多数废水。

NDIR 检测器方法成熟、干扰少，适合于高、低浓度样品。NDIR 检测器 3 个主要组成部分是 IR 光源、测定池、检测器。红外光源适用于 TOC-V 系统，包含简易发光管或热敏电阻，其发射 4.3 μm 波长的红外光，测量池由 1 个镀金线的高度反射管组成。检测器类似于热电导率检测器（Thermal Conductivity Detector，简称 TCD），室内装满 CO_2，由于压力上升，推动 CO_2 流过毛细管，进入样品室的样品气体，由于吸收红外光，使 CO_2 变热。

5.2.3　工作原理

TOC 分析仪的工作原理：样品通过八通阀、注射器注射到燃烧管，供给纯氮气并以高温燃烧氧化，生成 CO_2 和水，导入电子冷凝器分离出水分，CO_2 则送入 NDIR 检测器中检测 CO_2 的量。NDIR 检测原理：双原子分子如 N_2、O_2、H_2 等并不会吸收红外线，多原子分子如 CO_2、CH_4 等则依其键结合情形及组成原子种类不同而吸收不同波长的红外线，因此，在总有机碳分析仪气体中仅 CO_2 吸收红外线，其吸收波长为 4.3 μm。根据 Lambert-Beer′s 定律，CO_2 吸收红外线之量与其浓度成正比，故测量 CO_2 吸收红外线之量即可得知 CO_2 的浓度。

5.3　比表面积分析仪

目前，常用压汞法测定大孔范围孔径分布，用气体吸附法测定中孔范围孔径分布。全自动比表面积及孔隙度分析仪是利用低温氮物理吸附原理，即低温下，物质的吸附为物理吸附，可以通过质量平衡方程、静态气体平衡和压力测定来表征吸附过程。已知量气体由气路充入样品管后，会引起压力下降，由此计算吸附平衡时被吸附气体的摩尔质量，从而确定等温吸附-脱附曲线并利用理论模型来等效求出被测样品比表面积和孔径分布参数。该仪器主要用于固体粉末的测试，可得到等温吸附-脱附曲线，单点、多点 BET 比表面积、Langmuir 比表面积、总孔体积，还可应用 Halsey、Harkins-Jura 曲线，通过 T-PLOT 方法计算微孔的总孔体积和面积等。设备内部采用高精密稳压稳流系统和高精密气体流量传感器来控制并测量转换信号，通过内置工作站和操作软件实现数据采集和处理。仪器通常可分为样品处理系统、样品测试系统、加热系统和升降系统等。

5.3.1　样品处理系统

（1）样品预处理：由于分析前样品状态无法控制，样品内部可能含有水分、有机质或腐蚀性物质，因此为了保证分析样品中的杂质不污染仪器、不损坏或腐蚀仪器管线，上机前需要对样品进行预处理。样品可以放置在烘箱中进行烘干。

（2）样品脱气：绝大部分样品表面在室温环境下吸附了大量的污染物和杂质，在分析前一定要去除掉，即要求样品表面必须清洁。样品在真空下加热，从而去除样品表面杂质的过程称为样品脱气。通过调节处理温度、处理时间、抽气次数、充气次数、充气温度及升温速率，来控制样品脱气条件。处理温度选择在样品能够承受的温度范围内，一般处理温度在 105～200 ℃，时间在 3～5 h。

5.3.2 样品测试系统

样品管组件包括样品管、填充棒和自动密封头(或橡胶塞子)。随机带的英制外径的样品管,能保证分析时样品管内部的真空度,连同密封O形圈、过渡头和外螺母一起将含有待测样品的样品管安装在仪器分析口上或脱气口上。样品管外径共有3种尺寸,分别是1/2 in(1 in≈2.54 cm)、3/8 in和1/4 in,管子的长度略有差别,分析时需要选择不同粗细和长度的保温套管,选择不同尺寸的样品管,与分析精度无关。橡胶密封塞子适合各种外径的样品管,而自动密封塞子只适合于1/2 in的样品管。

填充棒可以通过减少自由空间体积,来提高测试低比表面积的测试精度。当样品管内部总表面积小于100 m^2 时,推荐使用填充棒;而当总表面积大于100 m^2 时,就没有必要使用填充棒了。另外,由于使用填充棒会干扰热传输校正,所以在测试微孔时,要避免使用填充棒。

样品管和填充棒应事先清洗干净并烘干后才能使用。当清洁好空管后,应准确称量空样品管重量,把它安装在脱气站上脱气,然后待空管温度恢复至室温后,回填气体,从脱气站移开后,用塞子密封好,称量空管重量。如果没有采用自动密封塞,当空管从脱气站移开时,应立即用胶塞塞上,避免称量误差。

5.3.3 其他装置

在分析口位置,样品管头处有连接头和密封圈,可将样品管安装在分析口上系统内部的连接管路,总称为歧路。容积吸附装置最少包括3个阀门:连接吸附质气体的阀门、连接抽真空系统的阀门和隔离样品的阀门。3个压力转换器用来测定气体压力,测试范围从很低的压力至高于大气压。仪器设计有多个进气通道,除了使用氮气(质量分数99.99%)之外,还可以使用许多别的吸附气体,例如氦气、氪气、氩气等,载气为高纯氦气(质量分数99.99%)。管路采用高真空系统不锈钢管,密封性能高,大大提高了仪器稳定性和使用寿命,有效防止气体分子渗透导致的比表面积分析误差。

杜瓦瓶:防液氮挥发单元,保证测试全程无需添加液氮。向杜瓦瓶中加入液氮时需要注意,慢加以减少杜瓦瓶的热冲击,同时防止液氮飞溅,出口要接通大气。不要移开杜瓦瓶的保护盖,以免坚硬物体飞落入杜瓦瓶中。把脱好气的样品管安装在分析口,并把加满液氮的杜瓦瓶放到冷阱处和分析口后,可以进行样品分析。

真空脱氧装置:选择外置式异位真空脱气机,是为了提高效率并且防止个别样品被氧化。

5.3.4 比表面积测试原理

BET法的原理是物质表面(颗粒外部和内部通孔的表面)在低温下发生物理吸附,假定固体表面是均匀的,所有毛细管具有相同的直径。吸附质分子间无相互作用力,可以有多分子层吸附且气体在吸附剂的微孔和毛细管里会进行冷凝。多层吸附是不等第1层吸满就可有第2层吸附,第2层上又可能产生第3层吸附,各层达到各层的吸附平衡时,测量平衡吸附压力和吸附气体量。所以吸附法测得的表面积实质上是吸附质分子所能达到的材料的外表面和内部通孔总表面之和。

作为衡量物质特性的重要参量,比表面积可由专门的仪器来检测,通常该类仪器需依据BET理论来进行数据处理。

吸附剂的比表面积:

$$S_{BET}=V_m\times L\times\sigma_m \tag{5.16}$$

当相对压力低于0.05时,不易建立多层吸附平衡;高于0.35时,容易发生毛细管凝聚作用。因此,相对压力应控制在0.05~0.35之间。BET法测定固体比表面积,最常用的吸附质是N_2,低温可以避免化学吸附的发生,吸附温度应在氮气液化点77.2 K附近,此时但其分子截面积$\sigma_m=0.162\ nm^2$。

5.3.5 孔径分布测定原理

气体吸附法测定孔径分布,利用的是毛细冷凝现象和体积等效交换原理,即将被测孔中充满的液氮量等效为孔的体积。毛细冷凝指的是在一定温度下,对于水平液面尚未达到饱和的蒸气,而对毛细管内的凹液面可能已经达到饱和或过饱和状态,蒸气将凝结成液体的现象。由毛细冷凝理论可知,在不同的P/P_0下,能够发生毛细冷凝的孔径范围是不一样的,随着值的增大,能够发生毛细冷凝的孔半径也随之增大。对应于一定的P/P_0值,存在一临界孔半径R_k,半径小于R_k的所有孔皆发生毛细冷凝,液氮在其中填充。临界半径可由Kelvin方程给出:$R_k=-0.414/\log(P/P_0)$,R_k完全取决于相对压力P/P_0。该公式也可理解为对于已发生冷凝的孔,当压力低于一定的P/P_0时,半径大于R_k的孔中凝聚液气化并脱附出来。通过测定样品在不同P/P_0下凝聚N_2量,可绘制出其等温脱附曲线。由于其利用的是毛细冷凝原理,所以只适合于含大量中孔、微孔的多孔材料。

第6章 应用实例

6.1 实例1 气相色谱与气相色谱-质谱联用实验技术

6.1.1 背景简介

气相色谱-质谱法是一种较为成熟的现代分析方法,它利用了气相色谱对混合物的高效分离能力和质谱对有机物结构的高鉴定能力,可一次性对复杂的混合样品进行分离、定性及定量分析。由于气相色谱-质谱分析技术较为成熟,取样量小,所以其越来越多地研究工作主要集中在样品预处理(包括净化和浓缩、水解、衍生化等)方面,另外,色谱分析条件选择和有机物鉴别模式建立等方面的优化,将有助于获取有用的数据和图谱信息。

农药废水来源于农药生产和使用过程中,其具有机污染物浓度高、成分复杂、毒性大、有恶臭、毒性大、水质波动大等特点。气相色谱技术(GC)是一种相当成熟且应用极为广泛的分离分析方法,适用于挥发性、高温稳定化合物的检测。当使用气相色谱进行样品检测时,废水中多种农药一次进样,即可完成定性和定量分析。

6.1.2 实验目的

(1)掌握 GC 和 GC-MS 工作原理和基本操作。

(2)了解 GC 和 GC-MS 测定样品的基本前处理方法。

6.1.3 仪器和材料

1. 仪器

Agilent 6890N GC(ECD/FID)、Agilent 7890A GC(NPD/FID)、Agilent 6890N GC-5973/5975 MS(EI/CI)、氮吹仪和旋转蒸发器。

2. 实验材料与试剂

农药废水、无水硫酸钠、硅胶、硅藻土和二氯甲烷。

6.1.4 实验内容与步骤

1. 水样采集

采集2 L具有代表性的实验用水,置于密闭的棕色玻璃容器中,4 ℃保存,取样7 d内必须前处理完毕。如果有颗粒物,需用定性滤纸过滤。

2. 萃取

准确取1 L水样(本次实验用水为实际农药废水,检测物质浓度相对较高,取100 mL),置于1 L(本实验为250 mL)的分液漏斗中,然后再加入2 * 20 mL=40 mL二氯甲烷,每次萃取3 min,注意中间放气一次,静止2 min,放出并收集二氯甲烷层。

3. 净化和浓缩

合并两次萃取液,除水(预先在干净的接收瓶中加入2 g左右的无水硫酸钠),净化(GPC柱,加入1小块脱脂棉,依次加入1 g无水硫酸钠,0.5 g硅胶,0.5 g硅藻土,装填后用20 mL CH_2Cl_2 淋洗,然后将脱水后的萃取液流过GPC柱),用旋转蒸发仪将净化后萃取液浓缩至2 ~5 mL后转移到K-D浓缩瓶中再用氮吹定容到1 mL,转移到进样瓶中。

4. 上机分析

建立分析方法,质谱仪部分:

①离子源的选择:EI和CI是GC-MS常用的离子源,其中EI属于硬电离源,CI属于软电离源。②温度的选择:包括离子源温度,四极杆温度的选择。③扫描模式的选择:全扫描模式(TIC)的扫描范围覆盖被测化合物的分子离子和碎片离子质量,得到的是全谱,可以进行谱库检索。选择离子监测模式(SIM)是跳跃式扫描几个选定质量,得不到化合物的全谱,主要用于目标化合物检测和复杂混合物中杂质的定量分析;GC-MS分析中通常选用SIM模式。④扫描速度的选择:同一点记录数据越多,扫描速度越慢,循环时间越长,扫描频率越低。

本实验采用全扫描模式。GC进样口温度250 ~ 280 ℃;HP-5MS (30 m * 0.25 mm * 0.25 μm)色谱柱;载气流速1 mL/min;接口温度250 ~280 ℃;炉温:初始40 ~100 ℃(保持2 ~3 min),然后20 ~30 ℃/min升到300 ℃;MS:EI,Scan模式,扫描质量范围30 ~600 u。

LLE-GC-MS法测定水中有机污染物的实验步骤见表6.1。

表 6.1　LLE-GC-MS 法测定水中有机污染物的实验步骤

步骤顺序	示意图	步骤名称
1		萃取
2		干燥与净化
3	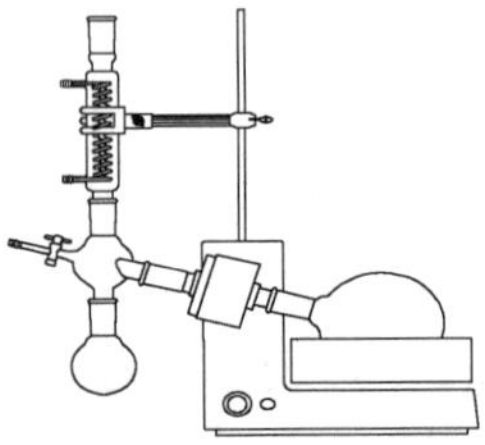	旋转蒸发浓缩
4	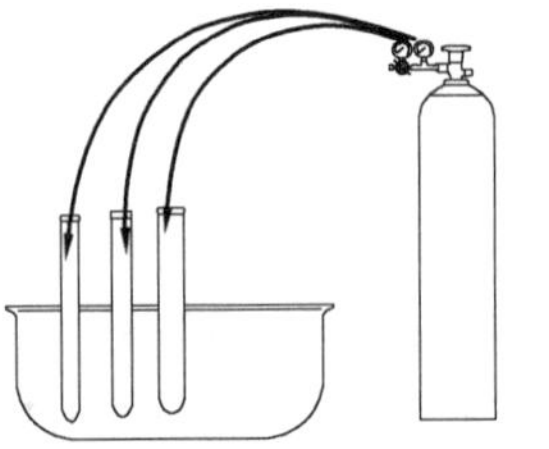	氮吹定容
5	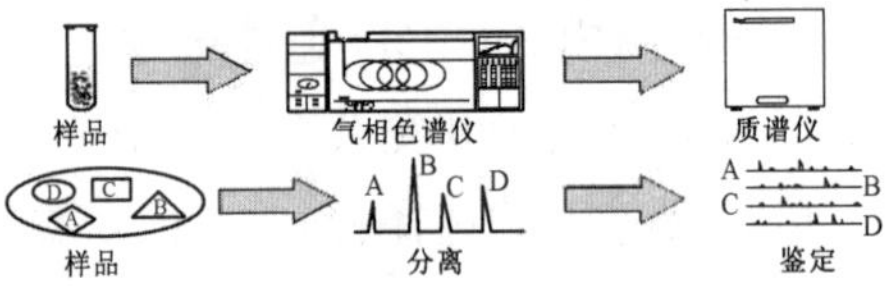	上机分析。 分析方法： ①进样口(气化室温度) ②色谱柱(炉温：程序升温，载气流量)； ③MSD：参数，调谐； ④全扫描 Scan：扫描范围为10 ~ 600 u； ⑤GC-MSD 接口温度
6	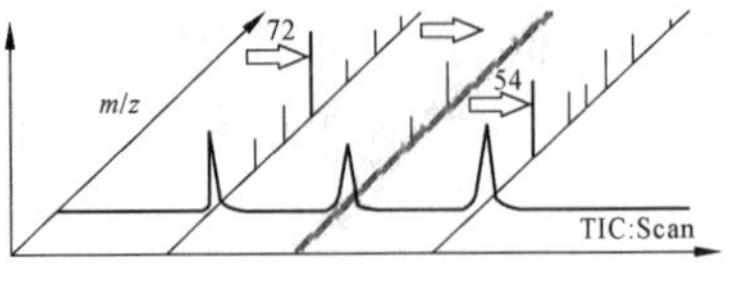	

续表 6.1

步骤顺序	示意图	步骤名称
7		数据处理与报告： ①定性（可能是什么，确定结构式、分子式）； ②定量（含量或浓度）

6.1.5 注意事项

（1）样品前处理是决定分析成败的重要因素之一，一定要严格按照规程进行操作。

（2）分析过程用到大量的易燃、易爆、易挥发、有毒、有害的有机材料，一定要注意自身安全和实验室安全。

6.1.6 数据处理

1. 调出文件

打开数据文件，对谱图进行空白扣除操作。可选择整体扣除的方式，也可采用局部扣除的方式。

2. 利用手动检索的方法至少检索出 10 种组分

列出英文名称、中文名称、CAS 号、分子式、结构式、标准质谱图，检测物质质谱图，此时要注意判断，有些物质可能是系统污染所造成（如系统中不能存在的硅烷化试剂、塑化齐等），需要排除这些物质。

3. 定向检索

通过查找特征离子，检索判断所测试样品是否含有如下物质：2，6 – Diethyl benzena mine（CAS：579 – 66 – 8）；N，N – Diethyl – Benzena mine（CAS：91 – 66 – 7）；Butachlor（CAS：23184 – 66 – 9）；Acetochlor（CAS：34256 – 82 – 1）；4 – Methyl，Phenol（CAS：106445）；Benzoquinone（Cas：106 – 51 – 4）；Hydroquinone；Tetrabutyltin（CAS1461252）；Pentachloronitrobenzene，Hexachlorobenzene，Atrazine。如果有，写出中文名称、CAS 号、分子式、结构式、检测质谱图及其标准质谱图。

6.1.7 思考题

（1）简述 GC 和 GC–MS 的结构和原理。

(2)判断 A[m/z:179(100),177(96)],B[m/z:200(100),215(62)]两种物质是什么? 测量 TIC 图和抽提离子 A 和 B 信噪比(S/N)。

6.2 实例 2 液相色谱与液相色谱-质谱联用实验技术

6.2.1 背景简介

全氟化合物(Perfluorinated Compounds,PFCs)类物质是目前已知的最具有持久性的、最难被降解的有机化合物之一,它们都广泛存在于各种商品和环境中,并且具有持久性、生物积累性、长距离迁移性和毒性及可疑致癌性。全氟化合物通常是指线性碳链上的 C-H 键被 C-F 键完全取代,然后再连接不同官能团形成的一类有机化合物。全氟辛酸(Perfluorooctanoic Acid,PFOA)特有的碳链长度(8 个碳)和独特物理化学性质(表面活性最强),使其被广泛生产和使用,并在环境中普遍存在,具有很高的热稳定性、耐酸碱和强氧化剂性能。此外,具有较低的蒸汽压和较高的水溶性,挥发性低,适于用 HPLC-MS 分析。超纯水仪器内置结构中有特氟隆材质,PFOA 可以在超纯水中残留,所以通过一系列的萃取富集净化技术处理后的超纯水样品,可以采用 HPLC-ESI-MS 分析其中残留的 PFOA。

6.2.2 实验目的

(1)了解液相色谱质谱的基本组成及功能原理,学习质谱检测器的调谐方法。

(2)了解质谱工作站的基本功能,掌握利用液相色谱-质谱联用仪进行定性分析的基本操作。

(3)对超纯水样品中全氟辛酸铵(PFOA)进行多级质谱解析。

6.2.3 仪器和材料

1. 仪器

液相色谱-质谱联用仪(Finnigan LCQ,USA)、固相萃取系统、WAX 固相萃取柱(Waters Oasis 6 mL,150 mg,30 μm)。

2. 材料

甲醇(色谱纯)、乙酸(色谱纯)、乙酸胺(色谱纯)、氢氧化铵。

6.2.4 实验内容与步骤

本实验内容采用液相色谱与液相色谱-质谱联用技术,结合固相萃取样品富集技术对超纯水中全氟辛酸铵(PFOA)化合物进行定性分析,包括以下几个方面:水样的采集与保存、样品的富集净化与浓缩。(1)采集:1.0 L Mili-Q超纯水置于棕色玻璃瓶,低温4 ℃可以保存一周。(2)样品的富集净化与浓缩,包括以下步骤:①对WAX固相萃取柱活化;②样品在萃取柱的富集;③PFOA从萃取柱的洗脱;④样品的浓缩定容。

1. 条件优化方法

(1)接口的选择。

电喷雾电力接口(ESI)适用于中等极性到强极性的化合物分子;大气压化学电离接口(APCI)适用于弱极性或中等极性的小分子的分析。

(2)扫描模式的选择。

全扫描模式的扫描范围覆盖被测化合物的分子离子和碎片离子质量,得到的是全谱,可以进行谱库检索。选择离子监测模式是跳跃式扫描几个选定质量,得不到化合物的全谱,主要用于目标化合物检测和复杂混合物中杂质的定量分析。

(3)流动相的选择。

常用流动相为甲醇、乙腈、水以及它们不同比例的混合物,还有易挥发盐的缓冲液、易挥发酸碱等调节pH的水溶液。避免使用不挥发的缓冲液。

(4)流动相流量和色谱柱的选择。

ESI源流速为0.2~1 mL/min,建议使用流速为0.2~0.4 mL/min;APCI源流速为0.2~2 mL/min,最佳流速1 mL/min;

(5)辅助气流量和温度的选择。

雾化气对液相色谱流出液形成喷雾有影响,干燥气影响去溶剂效果,碰撞气影响二级质谱的产生。操作中温度的选择和优化主要对接口干燥气而言,一般情况下选择干燥气温度高于分析物沸点20 ℃左右,对热不稳定性化合物,要选用更低的温度以避免被测物显著分解,当有机溶剂比例高时,可采用适当低的温度和稍小流量。

2. 建立仪器分析方法

建立液相色谱分析方法,包括流动相比例、流速、自动进样顺序、进样体积等,建立质谱分析方法,利用质谱的调谐功能优化质谱参数,设定适合PFOA分析的参数如电喷雾电压、雾化温度、载气与辅助气流速、毛细管电压、全扫描质量范围等。

3. 液相色谱质谱定性分析

分析待测的浓缩样品的总离子流色谱图,获得PFOA质谱图,分析其质谱图主要产生的离子峰并确认分子离子峰,建立PFOA的二级质谱反应离子监测模式,设定质谱参数如碰撞能量等,对样品进行二级质谱定性分析,通过确认PFOA化合物的母离子(m/z为413)与子离子(m/z为369)做二级质谱图解析,确认子离子结构,分析二级质谱碎片断裂机理。

6.2.5 注意事项

(1)由于特氟隆材质的广泛应用,甚至在色谱系统中也有应用,为避免基体干扰,所有实验过程应同时做空白对照试验,以区分干扰。

(2)玻璃瓶内表面对水样中的PFOA有一定吸附能力,转移水样至萃取柱后应用甲醇润洗玻璃瓶,然后合并到样品中。

(3)所有样品进入液相色谱分析前须经过0.45 μm滤膜过滤,根据样品溶剂来选择是采用水膜或是油膜。

6.2.6 数据处理

(1)分析总离子流图,确认PFOA的保留时间及分子离子峰质荷比。

(2)对PFOA分子离子峰进行二级质谱定性分析,获得至少1个碎片峰,解析碎片峰形成机理,给出碎片产生过程。

6.2.7 思考题

(1)同GC-MS相比,HPLC-MS对分析哪些有机化合物更有优势?

(2)离子阱液质联用仪和串联四级杆液质联用仪各有什么优势?

(3)为什么不能采用C18系列的固相萃取柱富集PFOA?

6.3 实例3 无机元素检测实验技术

6.3.1 背景简介

重金属不能被微生物降解,是水环境潜在的持久性无机污染物。它们可破坏动物神经系统、免疫系统、骨骼系统等,影响植物根和叶的发育,会通过食物链产生富集放大作用。多年来,土壤中的微量金属元素因过量沉积,造成土壤重金属污染,而人类活动是造成土壤中重金属污染的主要来源。采用合理的土壤重金属检测方法,能快速有效地对土壤重金属进行污染评价,并提出土壤的管理和治理方案。检测水环境中重金属的方法较多,其中电感耦合等离子体发射光谱法因其可进行多元素同时测定而得到广泛应用。

在复杂多变的水环境体系中,当重金属进入水环境后会经历一系列物理、化学和生物变化过程,其形态包括水溶态、交换态、有机物结合态、铁锰结合态和残余态等。随着水环境条件的变化,一些形态间会发生相互转化。因此,对水环境样品中重金属含量及其形态的测定对研究其在水环境中的迁移转化规律具有重要的理论意义和使用价值。电感耦合等离子体发射光谱仪多采用液体进样的方式,将环境样品中重金属变成液体样品,通常选择湿法消解,即酸法消解,常用的酸有HCl、HNO_3、HF和

$HClO_4$ 等。

6.3.2 实验目的

(1)学习等离子体原子发射光谱仪的实验操作技术,掌握等离子体原子发射光谱仪的基本原理。

(2)熟悉环境土壤分析样品的采集、风干、研磨过筛、混和分样及样品消解制备过程。

(3)掌握等离子体原子发射光谱法对未知物中指定重金属元素的定量分析和未知元素的半定量及定性分析。

6.3.3 仪器和材料

1. 仪器

(1)美国 Perkin-Eimer 公司 ICP-OES 5300DV 全谱直读电感耦合等离子体原子发射光谱仪。

(2)莱伯泰科有限公司 EH35A Plus 电热板。

(3)100 目尼龙分析筛。

2. 材料

MOS(Metal-oxide-semiconductor)级硝酸、盐酸、高氯酸,Cu、Zn、Pb、Ni 和 Cr 的标准储备液(均为 1 000 mg/L),使用时用体积分数为 2% 的 HNO_3 稀释配制成各金属元素的混合标准溶液系列,实验用水电阻率为 18.2 MΩ · cm。

6.3.4 实验内容与步骤

1. 土壤样品的采样及制备

土壤样品的制备步骤:采集、风干、研磨过筛、混合分样及样品消解。

(1)采集。

从大量的待测物中抽出极小部分作为分析试样的过程,称为试样的采集。采集的样品必须具有代表性,对不均匀的固体试样,必须多点(10 ~ 15 个点)取样混合均匀,组成混合样品,采样点要分布均匀,不要过于集中,方法有:①对角线采样法;②棋盘式采样法;③蛇形采样法。

(2)风干。

采回的土壤样品,应及时进行风干,以免发霉而引起性质的改变。其方法是将土壤样品敲成碎块平铺在干净的纸上,摊成薄层放于室内阴凉通风处风干,经常加以翻动,加速其干燥,切忌阳光直接曝晒,风干后的土样再进行研磨过筛、混和分样处理。

风干场所要防止酸、碱等气体及灰尘的污染。

(3)研磨过筛。

研磨过筛的方法是取自然风干样品一份,仔细挑去石块、根茎及各种新生体和侵入体,用玛瑙研钵研磨后,将试样通过 100 目分析筛。

(4)混合分样。

研磨过筛后将样品混匀。如果采来的土壤样品数量太多,则要进行混合、分样。样品的混合可以用来回转动的方法,并用土壤分样器或四分法对混合的土壤进行分样,将多余的土壤弃去,一般需要 1 kg 左右的土壤。

(5)样品消解。

将风干磨碎的土样过 100 目尼龙筛,准确称取 0.5 g,置于 150 mL 锥形瓶中。同时做试剂空白。各加入浓硝酸 2.5 mL,浓盐酸 7.5 mL,使瓶中内容物全部被酸浸润,瓶口放一短颈漏斗,置于砂浴或电热板上,开始以低温加热分解(120 ℃),逐渐提高温度(120~140 ℃),当瓶中内容物激烈反应过去后,取下锥形瓶,稍冷却,加入高氯酸 3mL,继续在砂浴或电热板上加热(150 ℃)分解至瓶中内容物呈近似白色浆状物并冒高氯酸白烟。取下锥形瓶,稍冷却,加入水约5 mL,洗净瓶壁,再加热到冒高氯酸白烟,并持续约 10 min,取下漏斗,继续加热浓缩溶液至体积约 3 mL。然后取下锥形瓶,静置,冷却,用约 2 mL 体积分数为 2% 的 HNO_3 稀释锥形瓶中含样品的剩余浓酸,后用中速定量滤纸过滤(沉淀不必全部移入滤纸上),收集滤液于 25 mL 刻度试管中。用体积分数为 2% 的硝酸溶液少量多次地洗涤瓶内及滤纸上残渣,一并过滤于试管中,用体积分数为 2% 的硝酸溶液稀释至刻度,摇匀备用。同时制备 50 倍、10 倍稀释液,用于测定 Fe、Al 和 Mn 等元素含量,用体积分数为 2% 的硝酸溶液稀释至刻度,摇匀备用。

2. ICP-OES 法分析金属元素

本实验同时对 Cu、Zn、Pb、Ni 和 Cr 元素进行定量的测定,并同时对 Al、Fe、Mn、P 和 Cd 元素进行半定量及定性分析。主要有以下几个步骤:

(1)混合元素标准工作溶液配制。

分别取 Cu、Zn、Pb、Ni、Cr(质量浓度为 1 000 mg/L)单一元素的标准储备液,逐级加体积分数为 2% 的 HNO_3 溶液稀释,摇匀,配成多元素混合标准工作液,浓度见表6.2。

(2)仪器条件优化。

对于分析不同的元素,为了达到最佳操作条件,有必要对射频功率、雾化气流速、等离子体气流速和分析线波长等参数进行最优化设置。

仪器装置及最佳工作条件如下。

①高频发生器工作参数:40.68 MHz 自激式固态 RF 发生器,射频输出功率为1 300 W。

表6.2 混合标准工作液浓度

编号	Cu、Zn、Pb各元素含量/($mg \cdot L^{-1}$)	Ni、Cr各元素含量/($mg \cdot L^{-1}$)
混标1	0.1	—
混标2	0.5	—
混标3	5.0	—
混标4	—	0.1
混标5	—	0.5
混标6	—	1.0

②等离子体炬管:可拆卸式三层同心石英炬管,水平放置,双向观测。

③三层同心石英炬管中氩气流速:等离子体气(冷却气)流量为15 L/min,辅助气流量为0.2 L/min,载气(雾化气)流量为0.8 L/min。

④进样系统:可快速拆卸的耐腐蚀雾化室,十字交叉宝石喷嘴雾化器。

⑤样品提升量:1.5 mL/min。

⑥冲洗时间:60 s。

⑦积分时间:5 s。

⑧分光系统:中阶梯光栅。

⑨切割气:压缩空气。

各元素分析谱线波长分别列于表6.3中。

表6.3 各元素分析谱线波长

分析元素	分析线波长/nm	分析元素	分析线波长/nm
Cu	327.39	Al	396.15
Pb	220.35	Fe	238.20
Zn	206.20	Mn	257.61
Ni	237.60	P	213.61
Cr	267.71	Cd	228.80

(3)标准样品的测定。

①打开计算机,打开ICP Winlab32操作软件,待联机正常后进入分析界面;打开相应的分析页面。

②在工具栏内点击“method”,建立新分析方法,在仪器的最佳条件下,打开“Plasma Control”窗口,按“Pump”钮,打开蠕动泵,检查泵工作是否正常,按“Plasma on”自动点火,点燃等离子体,待等离子体炬焰稳定后,进行下一步操作。

③将进样管依次分别插入体积分数为2%的HNO_3溶液及4个混合标准溶液。边吸空白溶液边点击“Manual Control”窗口中的“Analyze Blank”按钮,将进样吸管依

次吸标准溶液并点击标准图标“Analyzer Standard”,对相应标准溶液测定并作标准曲线。

④试样分析。

将进样吸管插入经消解后的土壤溶液中,并点击标准图标“Analyzer Standard”,测定样品 Cu、Zn、Pb、Ni 和 Cr 元素的浓度值,平行测定 3 次,并将土壤溶液测定结果平均值($n=3$)记录在表 6.4 中。

表 6.4　土壤溶液测定结果($n=3$)

分析元素		测定结果平均值/($mg \cdot L^{-1}$)	RSD/%
定量	Cu Zn Pb Cr Ni		
半定量	Al Fe Mn P Cd		

6.3.5　注意事项

(1)使用高氯酸进行样品消解时,千万不要直接向有机物含量高的热溶液中加入高氯酸。

(2)测定试样溶液的浓度高于最高标准溶液的浓度时,应适当稀释。

(3)在点燃等离子体焰炬前务必打开排风、空压机、氩气和循环冷却水,并确认相应的压力指示处于正常数值。

(4)通过观察窗观察等离子体焰炬是否稳定,若等离子体焰炬不稳定,在“Plasma Control”窗口按“Plasma off”关闭等离子体或按下仪器面板上红色紧急关闭钮。

(5)每次分析完样品后,为避免试样沉积在雾化器的十字交叉宝石喷嘴上,必须先用体积分数为 2% 的 HNO_3 对进样系统喷洗 3 min,再用去离子水喷洗3 min,之后再熄火,最后松开泵管。

6.3.6　数据处理

(1)根据计算机给出的结果由公式(6.1)计算出土壤中 Cu、Zn、Pb、Ni 和 Cr 的含量(mg/kg);

(2)根据半定量分析结果由公式(6.1)计算出土壤中 Al、Fe、Mn、P 和 Cd 的含量

(mg/kg)。

$$M=\frac{C\times V}{W} \tag{6.1}$$

式中 M——土壤中金属的含量,mg/kg;

C——土壤消解液的质量浓度,mg/L;

V——土壤消解液定容体积,mL;

W——扣去土壤水分的干样重量,g。

将土壤中各元素含量测定计算结果记录于表6.5中。

表6.5 土壤中各元素含量

分析元素		测定结果平均值/($mg\cdot kg^{-1}$)	RSD/%
定量	Cu Zn Pb Cr Ni		
半定量	Al Fe Mn P Cd		

6.3.7 思考题

(1)简述原子发射光谱的分析过程。

(2)电感耦合等离子体原子发射光谱法具有哪些优点?

(3)在消解样品过程中,加高氯酸应注意什么?

6.4 实例4 LC-AFS联用技术测定食品中砷的形态

6.4.1 背景简介

在水环境系统中,越来越多的研究表明,元素的毒性、生物可利用性、迁移性和再迁移性与元素的化学形态息息相关。因此,传统的仅以元素总量为依据的研究方法已不能满足现代科学发展的需要。

砷在食物、水和土壤等环境中形态各异,砷在不同形态下毒性不同,因此,在对砷的存在进行风险评估时,需要在复杂环境下对不同基体样品中砷的存在形态进行识别与定量分析。已知砷结合的有机基团越多,其毒性越小,砷化合物的毒性顺序为:

无机砷>有机砷>砷甜菜碱>砷胆碱，其中甲基砷(MMA)、二甲基砷(DMA)毒性较弱，而砷甜菜碱(AsB)、砷胆碱(AsC)几乎无毒性。我国海产品中含有高含量的砷，但主要是无毒形态，但是也含有少量无机砷以及二甲基砷(DMA)等。由于食物中毒性水平与砷形态种类有关，因此只测总砷含量不足以评估潜在的有害污染物风险，必须测定各个形态的砷。元素的形态分析，目前国际上较流行的方法是 LC-ICP-MS 和 LC-AFS，两种方法对某些待测物的方法学参数不相上下，而 LC-AFS 设备则要便宜得多，同时运行成本也相对较低，比较适合大范围推广应用。

要进行砷的形态分析，首先需要建立合理的前处理方法，较理想的提取方式要求既要有良好的回收率又要保持砷在样品中的原始形态。提取方法按照使用提取液的不同，可分为酶提取、水提取、甲醇-水提取、氯仿-甲醇-水提取和酸浸提等。酸浸提方法，操作快捷、毒性小，提取效率较高。

6.4.2 目的要求

(1)了解原子荧光及液相色谱的工作原理及应用。

(2)学习不同价态砷的测定方法。

(3)掌握外标定量法。

6.4.3 仪器和材料

1. 仪器

日本岛津-北京科创海光仪器有限公司生产的 LC-AFS。

2. 材料

(1)pH 为 5.92 的缓冲溶液的配制。

磷酸氢二钠($Na_2HPO_4 \cdot 12H_2O$)1.7908 g+磷酸二氢钾(KH_2PO_4)6.052 g，溶解至 1 000 mL 容量瓶中，超纯水定容，抽滤，超声脱气后待用。

(2)体积分数为 5% 的载流酸。

取 50 mL 浓 HCl 溶于 950 mL 超纯水中，得到体积分数为 5% 的载流酸。

(3)还原剂的配制。

称取 20.0 g 硼氢化钾溶于 1 000 mL 质量分数为 0.5% 的氢氧化钠溶液中。

(4)标准储备液的配制。

①亚砷酸盐 As(Ⅲ)：以砷计质量浓度为 75.7 μg/g，以亚砷酸根计质量浓度为 124.3 μg/g，用移液枪移取 20 μL 上述标准溶液，用高纯水定容 1.5 mL，质量浓度为 1 000 ng/mL。

②砷酸盐 As(Ⅴ)：以砷计质量浓度为 17.5 μg/g，以砷酸根计质量浓度为 32.4 μg/g，用移液枪移取 86 μL 上述标准溶液，用高纯水定容至 1.5 mL，质量浓度

为1 000 ng/mL。

③二甲基砷(DMA):以砷计质量浓度为52.9 μg/g,以二甲基砷(DMA)计为质量浓度97.4 μg/g,用移液枪移取28 μL上述标准溶液,高纯水定容至1.5 mL,体积浓度为1 000 ng/mL。

(5)标准使用液的配制

取亚砷酸盐As(Ⅲ)、砷酸盐As(Ⅴ)、二甲基砷(DMA)储备液各10 μL,定容至1 mL配制成混合标准溶液,其他混合标准溶液配制方法见表6.6。

表6.6 混合标准溶液的配制方法

各标准使用液浓度/($ng \cdot mL^{-1}$)	标准使用液体积/μL	定容体积/mL	混合溶液标准中各标准物质浓度/($ng \cdot mL^{-1}$)
1 000	10	1	10
1 000	20	1	20
1 000	40	1	40
1 000	80	1	80
1 000	100	1	100

6.4.4 实验内容与步骤

1. 样品准备

准确称取已磨碎的海带样品4.000 g(干样)于25 mL具塞刻度试管中,加入10 mL体积分数为10%的HCl溶液,旋涡混合器上混合均匀后,于60 ℃水浴振荡提取1 h,冷却,再加入10 mL超纯水,60 ℃恒温振摇0.5 h,冷却后定容至25 mL。离心后取上清液2 mL,定容至5 mL,用0.45 μm滤膜过滤后待测。同时做空白实验。

2. 测定条件的选择

(1)原子荧光测定条件。

主电流:70 mA;A泵流速(r/min):70;载气流量(mL/min):400;

辅电流:35 mA;B泵流速(r/min):70;屏蔽气流量(mL/min):900;

负高压(V):300。

(2)液相测定条件

液相泵速(mL/min):1;进样量:100 μL;洗脱液:pH为5.92的缓冲溶液;柱温:室温25 ℃。

3. 不同形态 As 标准曲线的绘制

将不同浓度的混合标准样品依次进样,以浓度为横坐标,峰面积为纵坐标绘制各标准物质的标准曲线,记录标准曲线方程及相关系数。

4. 样品中砷的形态分析

将 As 提取样注入 LC-AFS 体系,根据样品中各形态砷的峰面积,由标准曲线计算各形态砷的含量。

6.4.5 注意事项

(1)元素灯一定要在主机电源关闭状态下更换,元素灯插头的凸出之处与灯插座的凹处相对,轻轻插入。

(2)所有上机的酸必须是优级纯,保证不含或含有很低的被测元素及干扰。

(3)所有玻璃器皿必须用体积分数为 10% ~30% 的硝酸浸泡过夜方可使用,污染比较大的要先用超声波清洗器清洗后,再用高浓度的硝酸长时间浸泡。

6.4.6 数据处理

数据处理算式见式(6.2)。

$$W_i(\%)=\frac{\text{标准曲线中查得的浓度(ng/mL)}\times\text{定容体积(mL)}}{\text{样品干重(ng)}}\times\text{稀释倍数}\times 100\% \tag{6.2}$$

6.4.7 思考题

(1)LC-AFS 的工作原理是什么?

(2)当前检测 As 的方法有哪些? As 形态分析的意义是什么?

6.5 实例 5 透射电子显微镜的结构原理及应用

6.5.1 背景简介

透射电子显微镜作为当今材料研究表征手段之一,其在材料研究领域和生命科学领域的地位越来越稳固,广泛用于物理、化学化工、矿产、冶金、药学、法医学和农业等行业。它能够同时获得样品化学成分、形貌、晶体学和微观结构等全方位信息,尤其应用在微观颗粒材料、材料缺陷表征和实验验证中,显得十分重要。透射电子显微镜可观察生物样品的组织细胞、生物大分子、细菌和病毒等结构,在医学领域比扫描电子显微镜得到更为广泛的应用,尤其成为病理诊断、一些肿瘤疾病诊断、新病毒的发现与鉴别等不可缺少的一种诊断方法。

由于电子易散射或被物体吸收,高散射强度导致电子透射能力有限,故穿透力低,样品的密度、厚度等都会影响到最后的成像质量,所以用透射电子显微镜观察时要得到高质量的图片必须制备超薄样品,通常厚度为50~100 nm。获得超薄固体样品常用的方法有:超薄切片法、冷冻超薄切片法、离子减薄法、冷冻蚀刻法、冷冻断裂法等。超薄切片法适用于生物组织、高分子和无机粉体材料,离子减薄法适用于金属、合金、矿物、陶瓷和半导体等。对于液体样品,通常采用在预处理过的铜网上进行观察的方法。

6.5.2 实验目的

(1)结合透射电镜实物,介绍其基本结构和工作原理。

(2)初步掌握生物样品和化学材料样品的制作方法。

(3)初步了解透射电镜操作过程。

(4)拍摄生物样品的低分辨照片和化学材料样品的高分辨照片,并对相关几何参数、形态给予描述。

6.5.3 仪器和材料

1. 仪器

(1)日本电子公司的JEM1400透射电子显微镜。

技术参数:①晶格分辨率为0.20 nm;②加速电压为40~120 kV;③冷束电子枪;④钨灯丝或LaB6灯丝;⑤分辨率为0.02 nm;⑥样品台为标配五轴马达驱动样品台。

(2)Leica EMUC7超薄切片机。

技术参数:①自动马达驱动刀台,N-S移动范围为10 mm,W-E移动范围为25 mm;②长寿命高亮度LED照明,亮度可调;③体视显微镜放大倍率: S6E(10~64倍可调),M80(9.6~77倍可调);④刀架:360°可旋转自锁刀架,+/-30°分隔刻度,间隙角调节范围为-2°~15°,可使用6~12 mm切片刀,兼容任何品牌钻石刀;⑤弧形样品夹:样品可做360°平面旋转,+/-22°中心旋转。

2. 材料

微生物样品(对数生长期前期)、化学材料样品、体积分数为2.5%的戊二醛、无水乙醇、滤纸、铜网和镊子等。

6.5.4 实验内容与步骤

1. 分析样品的制备。

(1)粉末样品的制备

①选择高质量的微栅网(直径为3 mm),这是关系到能否拍摄出高质量高分辨电镜照片的第一步;

②用镊子小心取出微栅网,将膜面朝上(在灯光下观察显示有光泽的面,即膜面),轻轻平放在白色滤纸上;

③取适量的粉末和乙醇分别加入小烧杯,进行超声振荡10~30 min,过3~5 min后,用玻璃毛细管吸取粉末和乙醇的均匀混合液,然后滴2~3滴该混合液体到微栅网上(如粉末是黑色,则当微栅网周围的白色滤纸表面变得微黑时,量便适中。若滴得太多,则粉末分散不开,不利于观察,同时粉末掉入电镜的几率大增,严重影响电镜的使用寿命;滴得太少,则对电镜观察不利,难以找到实验所要求粉末颗粒。建议由老师制备或在老师指导下制备。)

④等15 min以上,以便乙醇尽量挥发完毕;否则将样品装上样品台插入电镜,将影响电镜的真空。

(2)块状样品制备。

①电解减薄方法。

电解减薄方法用于金属和合金试样的制备。块状样切成约0.3 mm厚的均匀薄片;用金刚砂纸机械研磨到120~150 μm厚;抛光研磨到约100 μm厚;冲成ϕ3 mm的圆片;选择合适的电解液和双喷电解仪的工作条件,将ϕ3 mm的圆片中心减薄出小孔;迅速取出减薄试样放入无水乙醇中漂洗干净。

②离子减薄方法。

离子减薄方法用于陶瓷、半导体以及多层膜截面等材料试样的制备。块状样切成约0.3 mm厚的均匀薄片;均匀薄片用石蜡粘贴于超声波切割机样品座上的载玻片上;用超声波切割机冲成ϕ3 mm的圆片;用金刚砂纸机械研磨到约100 μm厚;用磨坑仪在圆片中央部位磨成一个凹坑,凹坑深度为50~70 μm,凹坑目的主要是减少后序离子减薄过程时间,以提高最终减薄效率;将洁净的、已凹坑的ϕ3 mm圆片小心放入离子减薄仪中,根据试样材料的特性,选择合适的离子减薄参数进行减薄;通常,一般陶瓷样品离子减薄时间需2~3 d;整个过程约5 d。

(3)生物样品的制备("%"相关内容均指体积分数)。

①取材:组织块小于1 cm^3;②固定:2.5%戊二醛,磷酸缓冲液配制固定2 h或更长时间。用0.1 mol/L磷酸漂洗液漂洗15 min三次,1%锇酸固定液固定2~3 h,用0.1 mol/L磷酸漂洗液漂洗15 min,三次;③脱水:50%乙醇脱水15~20 min,70%乙醇脱水15~20 min,90%乙醇脱水15~20 min,90%乙醇和90%丙酮(1∶1)脱水

15～20 min,90%丙酮脱水15～20 min,以上步骤在4 ℃冰箱内进行,最后100%丙酮,室温15～20 min脱水三次;④包埋:纯丙酮+包埋液(2∶1)放置室温3～4 h,纯丙酮+包埋液(1∶2)室温过夜,纯包埋液37 ℃ 2～3 h;⑤固化:37 ℃烘箱内过夜,45 ℃烘箱内2 h,60 ℃烘箱内放置24 h;⑥超薄切片机切片,切片厚度为50～60 nm;⑦3%醋酸铀-枸橼酸铅双染色。

2. 测试条件的选择

(1)放大倍数。

放大倍数选择原则为使选区内物象清晰,先低倍、后高倍。透射电镜的放大倍数的选择随样品平面高度、加速电压、透镜电流而变化。用中间镜旋钮调节物镜电流,可改变放大倍数。

(2)Z轴高度的调整。

选择合适的放大倍数,调节Z轴高度使晕环聚到一点,细调Z轴高度使图像衬度最小。

(3)加速电压。

提高加速电压可以提高分辨率。大孔径角的磁透镜,100 kV时,分辨率可达0.005 nm。实际TEM只能达到0.1～0.2 nm,这是透镜的固有像差造成的。300 kV以上的商品高压(或超高压)电镜,高压不仅提高了分辨率,而且允许样品有较大的厚度,推迟了样品受电子束损伤的时间。

(4)衬度。

样品越厚,图像越暗;原于序数越大,图像越暗;密度越大,图像越暗。

3. 仪器操作及样品分析

(1)登录计算机,打开操作软件,检查电镜状态。

(2)装载样品后,插入样品杆。

(3)加灯丝电流。

(4)切换到低倍模式,寻找样品视野,将样品移到中心,切换到MAG模式,在MAG模式下,选择合适的放大倍数,调整高度,在调整高度的基础上再进行调焦、调光圈、调焦聚、进入拍摄模式,根据光的强度调节曝光时间及欠焦量,从而得到最佳照片。

(5)保存文件,结束操作,取出样品杆,卸载样品。

(6)刻录数据,关闭软件,退出计算机。

6.5.5 注意事项

(1)测试前要注意样品是否具有磁性,如是磁性样品需要用铜网固定,避免污染镜筒。

(2)在 CCD 观察模式下,光圈亮度切勿过大,以免损害 CCD。

(3)装载样品时,仔细检查样品是否装紧,避免样品掉入镜筒中。

6.5.6 数据处理与分析

电镜照片能反映出样品尺寸大小、颗粒均一程度、孔结构、核壳结构等形貌信息,普通的透射电镜主要用于形貌观察,高分辨透射电镜的晶格条纹数据还能给出物相信息。在进行电镜照片分析时,应先从各种资料中尽可能地了解被分析样品,估计可能出现的结果,再与电镜照片进行比对,做出正确的解释。例如,使用透射电镜的电子衍射功能可判断样品的结晶状态,单晶为排列完好的点阵,多晶为一组序列直径的同心环,非晶为对称的球形。

本实验进行的数据处理与分析工作如下:

(1)微生物材料样品的数据处理与分析。

(2)化学材料样品的数据处理与分析。

6.5.7 思考题

(1)分别说明透射电镜成像操作和衍射操作时各级透镜(像平面和物平面)之间的相对位置关系。

(2)透射电子显微镜中有哪些主要光阑,其作用是什么?

(3)样品台的结构与功能如何?它应满足哪些要求?

6.6 实例 6 原子力显微成像实验技术——样品微观形貌检测

6.6.1 背景简介

原子力显微镜具有免标记、多环境下工作、纳米级空间分辨率和皮牛级力灵敏度等优势,作为一项重要的表面可视化技术,被广泛应用于生物膜和纳米材料研究。生物被膜是环境微生物存在的主要形式,是细菌黏附表面生活时所采取的一种生长方式,几乎所有的细菌在一定条件下都可以形成生物被膜。微生物在自身代谢的过程中会分泌胞外聚合物,如多糖基质、纤维蛋白、脂质蛋白等,通过黏附作用,后者包裹前者形成微生物聚集体。生物被膜在固相表面的形成一般经历 4 个阶段:细菌运移、初始黏附、微菌落形成和生物被膜形成。生物被膜的可视化研究主要依赖于各种成像技术,AFM 作为一项重要高分辨表面探测技术,可在多种环境下对细胞进行直接观测,不需要进行固定、标记、染色等复杂样品预处理操作,可用于生物膜的超微结构成像、单分子力谱、单细胞力谱、膜表面大分子的原位成像、机械特性表征等,通过峰值力轻敲模式可以同时获得多个反映样本物理特性的参数,如形貌、黏附力、形变和能量耗散等。

纳米材料作为一种新兴材料,近年来得到快速发展。在纳米材料研究中,AFM可用于纳米结构材料形貌分析、粒径分析、分散和团聚状况和力学分析等,应用范围包括纳米电子学、纳米机械学、纳米材料学、纳米生物学、纳米光学和纳米化学等多个纳米科学研究领域。目前,对粉体材料的检测方法比较少,制样也比较困难。AFM提供了一种新的检测手段。它的制样简单,容易操作,可以将其在酒精溶液中用超声波进行分散,然后置于新鲜的云母片上进行测试。

6.6.2 实验目的

(1)了解原子力显微镜(AFM)的基本结构和基本实验方法原理。

(2)了解 AFM 的样品制作过程、设备的操作和调试过程,并最后观测样品的表面形貌。

(3)学习掌握 AFM 表面图像的处理方法。

6.6.3 仪器和材料

1. 仪器

采用美国布鲁克公司生产 ICON 型号原子力显微镜(AFM);AFM 主体放置充气减震台上,扫描头放置在样品台上方与探针相连。扫描系统基本结构如图 6.1 所示。

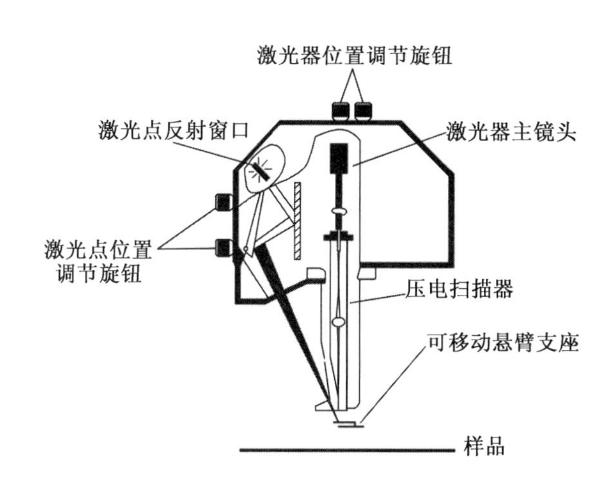

图 6.1 扫描系统基本结构

2. 材料

载玻片、双面胶、接种环、样品若干种(菌落、纳米粉末、光栅)及工具。

6.6.4 实验内容与步骤

1. 样品的制备

(1)细菌样品的制备方法:取干净的载玻片,滴少量的无菌水,用接种环挑下单菌落,在无菌水上涂匀,风干后,先置于光学显微镜下观察,确定理想观察位置。

(2)纳米粉末的制备方法:首先,将粉末状的纳米材料按一定的比例与乙醇混合后倒入离心管中;然后,把离心管插入超声波清洗器中进行超声振动,使纳米颗粒尽可能均匀地与乙醇混合,同时用两面胶的一面揭下云母片表面一层,另一面粘贴在载玻片上;最后,用移液枪将离心管中的样品混合液滴一点到云母片,吹干后即完成了纳米材料样品的制备。

2. 条件优化

设置扫描参数:Scan size、Scan rate(在 Tapping 模式中一般为 0.5 ~ 1.5 Hz)、Integral gain、Proportional gain、SPM feedback 等,Scanasyst 模式下可自动校准参数。

(1)点击悬臂自动调谐图标,进入“cantilever tune”界面,点击“auto tune”按钮,计算机自动找寻探针的共振频率,当“tune”完成后,返回“real time”模式。

(2)点击“下针”图标,点击“engage”,仪器自动下针,当针接触到样品时,扫描管开始扫描。

(3) Integral gain 和 Proportional gain 等的选择:点击“scope trace”按钮,观察 trace、retrace 曲线,看看这 2 条曲线的重合性,如果这 2 条曲线不重合,可通过调整 Integral gain、Proportional gain、Setpoint 和 Scan rate 来使得这两条线尽量重合。

调整 Integral gain 和 Proportional gain 的原则是,先尽量把 Integral gain 调大,直到在曲线上出现噪音,然后稍微减少 Integral gain,直到噪音消失。Proportional gain 比 integral gain 大 20% 左右。在轻敲模式中,这两个值的范围为 0.1 ~ 1;Setpoint 值越小,探针对样品的作用力越大,探针跟踪样品越好,这 2 条曲线重合得也越好。但需要注意,探针对样品的力越大,越容易损伤样品; Scan rate 越大,探针跟踪样品越好,trace 与 retrace 重合得越好。一般来说,当扫描尺寸大于 10 μm 时,scan rate 可设为 0.5 Hz。当扫描尺寸减少时,scan rate 可稍微增大。调整 data scale,使得此 2 条曲线大约充满 scope trace 图框。

3. 实验步骤

分别在轻敲模式和 Scanasyst 模式下观测细菌膜表面、纳米颗粒表面形貌。

(1)轻敲模式。

①把与测定模式对应的探针安装在悬臂夹中。

②取下扫描头,把装有探针的悬臂夹安装到扫描管上。

③将载玻片放在样品台上对准探针,利用倒置显微镜找到要观察的位置。

④启动计算机,打开主控机箱电源开关。点击桌面"NanoScope 9.4"图标,执行操作软件。

⑤调整激光点到探针尖端的背面。

⑥把扫描头放回,注意探针与样品表面之间的距离,不要让探针碰到样品。

⑦调整光电检测器,使得右边显示器上的 Horizontal difference 值为 0。

⑧设置扫描参数 Scan Size、scan rate(在轻敲模式中一般为 0.5 ~ 1.5 Hz)、Integral gain、proportional gain 和 SPM feedback 等。

⑨当参数优化后,就可以预扫描,并通过"zoom"按钮选取理想区域进行扫描并保存图像。

⑩扫描结束,点击"withdraw"图标抬针,换下一个样品。

(2)Scanasyst 模式。

①初始设置:载入 ScanAsyst in air 模式。点击左侧"set up"键,对焦。

②点击左侧"Navigate":确认选中"Sample(default)",将样品平推放入载物台中心,目测光斑在样品中心,继续间歇的点击" "至图像清晰(务必缓慢点击,并随时观察 *Z* 值),图像清晰后可移动中轨迹球调整下针位置,尽量下在平整位置。

③点击左侧"Check Parameters":确认 Scan size 为 500nm 或 1 μm,X Offset 为 0 nm,Y Offset 为 0 nm,Scan Rate 为 0.501 Hz。

④点击"Engage",等待至出图("Scan size"框内值可调),在"Scan size"内输入相应数值开始扫描。

⑤将"Scanasyst Auto Control"设置成"Individual",根据需要调整参数。

⑥点击窗口上方" "图标,在此改文件名为"八位日期+名字拼音首字母+样品序号.0_000 * * * *",严格按此格式命名,.0_以后的部分不可改动(然后点击" "保存,此时窗口下方"Capture"应为"on"的状态,待扫到屏幕底又折返后"Capture"显示"done"表示已存图成功。

⑦扫图过程中可随时选取需要的区域,具体操作为:点击图像下方"Zoom",然后在图像区框取适当区域,点击"Excute",然后在"Scan size"框内输入相应的整数值(当 Scan size≤10 μm 时可将"Scan Rate"设置为 1 Hz),点击窗口上方" "图标,点击" "保存。若图像位置有偏移可通过"X Offset"和"Y Offset"调整,左右调整设置"X Offset"(需要图像向右移动时输入正值);上下调整设置"Y Offset"(需要图像向上移动时输入正值)。设置好后重新点击" "图标,点击" "保存。

⑧样品扫描结束后点击左侧"Withdraw",将样品取出:务必平推。换下一样品,重复上述步骤②~⑧。

6.6.5 数据处理

ICON AFM 系统有 2 个软件：实时在线控制软件和离线后处理软件。前者用于实时控制仪器扫描工作，如选择扫描区域、改变扫描参数等；后者用于图像处理与分析，如可对扫描图像进行图像滤波、倾斜校正、图像几何变换、三维图像分析、傅里叶变换、高度角度测量及表征功能、粗糙度分析等操作。

进入离线操作模式窗口，用 Flatten 或 Planefit Auto 处理图像，分别得到二维图、三维图、粗糙度图、剖面图。

6.6.6 注意事项

(1)样品处理需经教师确认合格后，方可使用 AFM 进行观测。

(2)扫描过程中要保证室内安静，且勿触碰扫描台。

(3)要绝对避免针尖撞上样品表面，在扫描表面起伏大的样品时，应特别注意将扫描速度降低。

6.6.7 思考题

(1)比较接触模式和轻敲模式的工作原理。

(2)总结原子力显微镜测量精度的影响因素有哪些？

6.7 实例 7 扫描电镜与能谱仪分析技术

6.7.1 背景简介

表面科学是一门交叉学科，涉及材料、物理、化学、生物和环境等多学科领域，在当前的科研和工程应用中扮演着日益重要的角色。表面分析是揭示材料及其制品的表面形貌、化学成分、原子结构或状态等信息的实验技术。SEM 广泛用于材料学中断口观察、失效分析、铁电畴的观测、组织形态的动态变化、偏析研究、纳米尺寸、显微结构的分析等研究，生物学中微生物培养及组织观察、珍珠鉴别、动物软组织和骨骼等观察，医学中细胞培养、结石成分分析等，法学鉴别中关于文物真伪鉴别、头发等中的微量元素分析和枪弹残余物分析等，矿物学中表面氧化产物分析、矿物合成、粘土矿物形态和产状等。X-射线能谱仪(Energy Dispersive Spectrometer，简称 EDS)是微区成分分析的主要手段之一，它能快速、同时对各种试样表面的微区内 Be-U 的所有元素，进行快速定性和定量分析。EDS 可以与多种仪器进行组成，其中应用最广的是与 SEM 配合使用，几乎成为 SEM 的标配。

6.7.2 实验目的

(1)了解扫描电镜的基本结构和工作原理。

(2)初步掌握扫描电镜样品的制样方法。

(3)初步了解扫描电镜操作过程。

(4)学习图像获取与拍摄方法。

(5)学习能谱仪分析技术。

6.7.3 仪器和材料

1. 仪器

(1)德国蔡司 Sigma500 扫描电子显微镜。

技术参数:①分辨率:0.8 nm@30 kV STEM、0.8 nm @15 kV、1.4 nm @1 kV;②放大倍数:10~100 万倍;③加速电压:调整范围为 0.02~30 kV;④探针电流:4 pA~20 nA;⑤低真空范围:2~133 Pa(Sigma 500VP 可用);⑥样品室:358 mm(φ),270.5 mm(h);⑦样品台:5 轴优中心全自动 $X=130$ mm,$Y=130$ mm,$Z=50$ mm,$T=-4°\sim70°$,$R=360°$。

(2)英国牛津 EDS X-Max50 能谱仪。

技术参数:①分辨率:优于 127 eV,1 000~50 000 CPS,Mn kα 谱峰宽化弱于 1 eV,1 000~50 000 CPS 平均元素定量误差小于 0.5%;②检测元素范围:Be 4~U 92;③分析最小颗粒:40~50 nm。

2. 材料

粉末样品、颗粒样品、膜、生物样品。

6.7.4 实验内容与步骤

1. 分析样品的制备。

试样制备直接关系到电子显微图像的观察效果,在保持试样原始形状情况下,应制备出适合电镜特定观察条件的试样,然后对准备好的试样可进行下一步黏样、镀膜处理。黏接剂可选用银粉导电胶、碳粉导电胶和双面胶带。对于不导电或导电性差的非金属材料,先用真空镀膜机或离子溅射仪在试样表面沉积一层导电膜(一般用 Au 膜、Pt 膜、碳膜),既可以消除试样荷电现象,又可以减少电子束造成的试样损伤。离子溅射法因设备简易、操作方便、喷涂导电膜均匀性和连续性好而得到广泛应用。

(1)导电性材料。

导电性材料包括一些矿物和半导体材料,只需要用双面胶带粘在载物盘上。为确保导电性良好,可再用导电银浆等将试样与载物盘连通。

(2)非导电性材料。

非导电性材料需要用双面胶带或导电胶粘在载物盘上,将导电物质喷涂在试样表面,在保证导电良好的情况下,涂层不能太厚,否则会影响样品形貌。

(3)粉末状试样的制备。

粉末状试样的制备:首先在载物盘上黏上双面胶带,然后将粉末样品均匀粘到胶带上,吹走黏结不牢的粉末,注意不要按压,然后喷涂导电膜。

(4)溶液试样。

溶液试样一般采用薄铜片为载体,用双面胶粘到薄铜片上,然后将溶液滴到铜片上至干后观察析出样品量是否足够,如不够需要再滴,直至样品量足够,然后喷涂导电膜。

(5)生物样品。

由于传统的 SEM 在高压条件下工作,对生物样品的制备一般经取材、清洗、固定、脱水、干燥等步骤,然后再进行黏样和镀膜。

2. 分析条件的选择

(1)SEM 部分。

①高压的选择:扫描电镜的分辨率随加速电压增大而提高,但其衬度随电压增大反而降低,并且加速电压过高污染严重,所以一般在 10 kV 下进行初步观察,之后根据不同的目的选择不同的电压值。②聚光镜电流的选择:聚光镜电流影响图像质量,聚光镜电流越大,放大倍数越高,同时,聚光镜电流越大,电子束斑越小,相应的分辨率也会越高。③光阑的选择:光阑孔径影响景深,光阑孔径越小,景深越大,分辨率也越高,但电子束流会减小。光阑孔一般是 120 μm、60 μm、30 μm、20 μm、15 μm、10 μm和 7.5 μm 共 7 档。④像散校正与聚集:像散校正主要是指调整消像散器,调整至电子束轴对称直至图像不飘移为止。聚焦分粗调、细调两步,即所谓“高倍聚焦,低倍观察”。由于扫描电镜景深大、焦距长,所以一般采用高于观察倍数进行聚焦,然后再回过来进行观察和照像。⑤亮度与对比度的选择:二次电子像的对比度受试样表面形貌凸凹不平而引起二次电子发射数量不同的影响。反差与亮度的选择则是当试样凸凹严重时,衬度可选择小一些,以达到明亮对比清楚,使暗区的细节也能观察清楚,也可以选择适当的倾斜角,以达最佳的反差。

(2)EDS 部分。

高端配置的 EDS 能实现点、线、面的分析,定点分析灵敏度最高,面扫描分析灵敏度最低,但观察元素分布最直观。实际操作中应根据试样特点及分析目的合理选择分析方法。入射电子的能量(加速电压)必须大于被测元素线的临界激发能。在不损伤试样的前提下,分析区域应尽量小(束流、束径和加速电压)。

3. 实验步骤

(1)扫描电镜开机,分别登录扫描电镜、能谱仪控制计算机,打开扫描电镜操作软件。

(2)检查电镜状态:必要时做电子束合轴。

(3)装载样品:将进行导电处理试样固定在试样盘上,试样盘装入样品更换室,预抽3 min,然后将样品更换室阀门打开,将试样盘放在样品台上,在抽出试样盘的拉杆后关闭隔离阀。

(4)加电压,开始操作,进行能谱图像采集与分析。

(5)结束操作,去扫描电镜电压,取出样品。

(6)刻录数据,分别关闭扫描电镜、能谱操作软件;关闭扫描电镜、能谱计算机,记录实验。

6.7.5 注意事项

(1)在扫描模式下,切勿电压过大,否则会造成样品表面荷电过多,损害样品。

(2)在检测完样品之后,要把样品台降低。

(3)样品仓要完全闭合好后,才能抽真空。

(4)一般在找样品区域的时候,先选用SE2探头,高加速电压,找到样品区域后,再选用合适的探头、电压、光阑。

(5)实验室要保持适宜的温度(大约20 ℃)和湿度(小于50%)。

6.7.6 数据分析

1. 图像分析

(1)扫描电镜照片是灰度图像,分为二次电子像和背散射电子像,分别用于表面微观形貌观察或者表面元素分布观察。一般二次电子像主要反映样品表面微观形貌,基本和自然光反映的形貌一致,特殊情况需要对比分析。背散射电子像主要反映样品表面元素分布情况,越亮的区域,原子序数越高。

(2)辨别假像。非常薄的薄膜,背散射电子会造成假像,导电性差时,电子积聚也会造成假像。看表面形貌,电子成像中亮的区域处于高位置或荷电位置,暗的区域是低位置或导电性较好的位置。

2. EDS定性和定量分析

(1)定性分析是能谱分析中最关键、最难的一步,在分析未知物中含有的元素时,组成元素一旦辨认错误,那定量分析将毫无意义。虽然X-射线能谱仪都配备了自动化定性分析软件,但操作者仍需要靠自己的分析和判断能力,对得到的谱图进行审查。因此,操作者必须掌握能谱的正确识别方法。

(2)能谱图的横坐标为元素的特征 X 射线峰的特征能量,单位为 keV,与元素种类有关,纵坐标为脉冲数,单位为 CP,表示的是收集的 X-射线光子数,谱峰的高度与分析元素含量有关,但为非正比线性关系。在相同条件下,同时测量标样和试样中各元素的 X-射线强度,通过强度比,再经过修正后可求出各元素的百分含量(原子百分比、重量百分比)。无标准样品的情况下,标样 X-射线强度是通过理论计算或数据库进行定量计算。如试样经过溅射处理,能谱图上还会出现 Au(或 Pt、C 等)的能谱峰。

6.7.7 思考题

(1)电子束进入固体试样表面会产生哪些信号?信号是怎么产生的?

(2)扫描电镜成像原理是什么?

6.8 实例 8 冷冻扫描电镜技术

6.8.1 背景简介

冷冻扫描电镜(Cryo-SEM)通常是在普通扫描电镜上加装样品冷冻传输设备,将样品冷却到液氮温度(77 K),用于观测植物、昆虫、微生物等含水的样品。冷冻扫描电镜技术就是为了克服普通电镜对含水样品的限制,将含水样品原位冷冻,将一个设计精密的前处理室直接连接在 SEM 上的技术,它是防止样品丢失水分的最有效方法。

常规扫描电镜和环境扫描电镜一般只能观察组织器官的游离面和细胞的表面形态,不能观察其内部结构,若想观察组织和细胞的内部结构,需要采用特殊的方法进行割断组织。传统冷冻割断法用来研究细胞内部超微结构,应用最广泛的是锇酸-二甲基亚砜冷冻割断法,但此法所用的锇酸有毒性,且断裂获得的细胞内表面不理想,而冷冻扫描电镜样品制备舱的冷冻台上配有冷刀,可简单快速实现对预冷过的样品进行断裂,暴露其内部结构。

6.8.2 实验目的

(1)了解冷冻传输系统的基本结构和工作原理。

(2)初步掌握冷冻扫描样品的制样方法。

(3)初步了解冷冻传输系统的操作过程。

(4)学习冷冻扫描电镜样品上样方法。

(5)学习冷冻扫描电镜的注意事项。

6.8.3 仪器和材料

1. 仪器

（1）德国蔡司 Sigma500 扫描电镜。

（2）美国 Gatan ALTO 2500 冷冻传输系统。

ALTO 2500 冷冻传输系统能够快速冷冻、真空传输、冷冻断裂、升华、镀膜，允许高分辨表面成像和 X-RAY 能谱分析。

①样品预处理装置：液氮泥快速冷冻（-210 ℃）；②冷源：冷冻制备腔室含一体式液氮冷阱和冷台，扫描电镜冷台采用过冷氮气气冷，分体式液氮杜瓦瓶只需 6 L 液氮，可连续提供扫描电镜冷台 3 h 连续工作时间；③真空冷冻制备腔室，包括机械泵，工作时冷冻制备腔室真空度优于 10^{-3} mbar 量级；④多角度样品观察窗；⑤气锁阀门控制真空传递装置连接，球阀与扫描电镜样品室连接，具有电动开关和电动机械安全锁，样品处理包括断裂、升华、喷镀等功能。⑥标配冷冻断裂刀；可设定升华时间及温度，自动升华；⑦真空传输装置：设计紧凑小巧，使用方便，密封效果好；⑧扫描电镜冷台和防污染装置：低温氮气气冷扫描电镜冷台（-185 ~ +50 ℃），温度稳定度为 1 ℃；根据扫描电镜类型定制防污染装置，可设温度为-190 ℃或更低；⑨扫描电镜样品室内配置 LED 照明灯。

2. 材料

植物、昆虫、微生物、乳胶颗粒、水凝胶等含水的样品。

6.8.4 实验内容与步骤

1. 冷冻样品的制备

样品经过超低温冷冻、断裂、镀膜制样（如喷铂金）等处理后，通过冷冻传输系统放入电镜内的冷台（温度可至-185 ℃）即可进行观察。

2. 实验步骤

（1）扫描电镜、冷冻传输系统开机。

（2）启动分子泵。

（3）冷阱添加液氮，棱台降温至-140 ℃。

（4）准备样品、制备液氮泥，样品全部浸入液氮泥池冷冻。

（5）前处理室装载冷冻样品、抽真空、样品升华、溅膜。

（6）传输冷冻样品至 SEM 样品仓。

（7）冷冻样品图片采集与拍摄。

(8)样品返回冷冻传输前处理室。

(9)退出冷冻传输系统、冷冻传输系统关机。

(10)电镜 standby。

6.8.5 注意事项

(1)在扫描模式下,确保 SEM 样品室与前处理室低温程度相当;

(2)装载样品时,仔细检查长方形样品台是否与上样杆结合紧密,避免样品掉入各级处理室及分子泵中;

(3)在检测完样品,冷冻样品台退出 SEM 样品仓之后,要确保球阀已关。

(4)样品台进退过程中,避免刮蹭通路上的管线;

(5)注意高纯氮气瓶、液氮的余量,确保满足实验的需要。

6.8.6 数据处理

冷冻扫描电镜的图像分析,与普通扫描电镜的分析方法相同。

(1)扫描电镜照片是灰度图像,分为二次电子像和背散射电子像,分别用于表面微观形貌观察或者表面元素分布观察。一般二次电子像主要反映样品表面微观形貌,基本和自然光反映的形貌一致,特殊情况需要对比分析。背散射电子像主要反映样品表面元素分布情况,越亮的区域,原子序数越高。

(2)注意辨别假像,非常薄的薄膜,背散射电子会造成假像,导电性差时,电子积聚也会造成假像。看表面形貌,电子成像中亮的区域处于高位置或荷电位置,暗的区域处于低位置或导电性较好的位置。

6.8.7 思考题

(1)冷冻扫描电镜的工作原理是什么?冷冻扫描电镜的优势有哪些?

(2)含水的生物细胞,在冷冻的过程中会形成冰晶,进而产生冰晶损伤,实验中应怎样排除这类干扰?

6.9 实例9 蛋白质分离、鉴定实验技术

6.9.1 背景简介

通过不同的电泳方法,可探求蛋白质分子的各种特性,如分子量、等电点、电荷分布、免疫行为、生化特性等。以聚丙烯酰胺凝胶为支持介质的电泳是依据蛋白质的分子量和带电性的差异而使不同分子量的蛋白质得到分离。聚丙烯酰胺凝胶是由丙烯酰胺和交联剂甲叉双丙烯酰胺在催化剂的作用下,聚合交联而成的含有酰胺基侧链的脂肪族大分子化合物。具有三维网状结构,能起到分子筛作用。聚合反应时常用

的催化剂或者引发剂有过硫酸铵、过硫酸钾及核黄素等物质。N,N,N′,N′-四甲基乙二胺(TEMED)、3-二甲胺丙腈等物质可作为聚合过程的增速剂。

用聚丙烯酰胺凝胶做电泳支持物,对样品的分离情况不仅取决于各组分所带电荷的多少,也与分子大小有关。此外,凝胶电泳还有一种独特的浓缩效应,即电泳开始阶段,由于不连续的电势作用,将样品压缩成一条窄区带,从而提高了分离效果。聚丙烯酰胺凝胶电泳能检出 $10^{-12} \sim 10^{-9}$ g 样品,特别适合于测定生物大分子。该方法除了能定性、定量分析,还可以测定分子量,是常用的测定分子量的方法,其主要应用有蛋白质纯度分析、蛋白质分子量和浓度的测定、蛋白质水解的分析、免疫沉淀蛋白的鉴定、免疫印迹的第一步、蛋白质修饰的鉴定、分离和浓缩用于产生抗体的抗原、分离放射性标记的蛋白质和显示小分子多肽等。SDS 聚丙烯酰胺凝胶电泳测蛋白质分子量已经比较成功,此法测定时间短、分辨率高、所需样品量极少(1 ~100 μg),但只适用于球形或基本上呈球形的蛋白质。对于某些不易与 SDS 结合的蛋白蛋如木瓜蛋白酶、核糖核酸酶等,测定结果不准确。

6.9.2 实验目的

(1)学习 SDS-聚丙烯酰胺凝胶电泳测定蛋白质分子量的原理。

(2)掌握垂直板电泳的操作方法。

(3)运用 SDS-PAGE 测定蛋白质分子量及染色鉴定。

6.9.3 仪器和材料

1. 仪器

电泳仪、玻璃板、电泳槽、培养皿、滤纸和镊子等。

2. 材料

(1)电泳缓冲液(pH 为 8.3)。

①贮存液:三羟甲基氨基甲烷(Tris)6 g,甘氨酸 23.8 g,加水溶解至 1 L。

②应用液:取上述贮存液用蒸馏水稀释 10 倍。

(2)TEMED(四甲基乙二胺)原液。

(3)凝胶原液。丙烯酰胺 30 g,甲叉双丙烯酰胺 0.8 g,加水到 100 mL。

(4)pH 为 8.9 的溶液(分离胶缓冲液)。Tris 36.3 g,1 mol/L HCl 48 mL,加水稀释到 100 mL。

(5)pH 为 6.7 的溶液(浓缩胶缓冲液)。Tris 5.9 g,1 mol/L HCl 48 mL,加水稀释到 100 mL。

(6)质量分数为 10% 的过硫酸铵溶液(新鲜配制)。

(7)考马斯亮蓝染色液。考马斯亮蓝 0.25 g,甲酸 227 mL,冰醋酸 46 mL,水

227 mL,溶解后过滤备用。

(8)漂洗液。

①水∶乙醇∶冰醋酸=25∶25∶10;

②水∶乙醇∶冰醋酸=65∶25∶10。

6.9.4 实验内容与步骤

1. 样品预处理

(1)材料的选择。

材料的选择依据实验目的,材料选定后,为保持材料新鲜,应尽快对材料进行预处理,如动物材料需要除去一些与实验无关的结缔组织、脂肪组织,植物种子需要除壳,微生物需要将菌体与发酵液分开。

(2)细胞破碎。

分离提取蛋白质大分子,首先要将生物大分子从原来的组织或细胞中以溶解的状态释放出来,并保持原来的天然状态,且不丢失活性,因此应选择适当的方法将组织和细胞破碎,但若样品是体液或生物体分泌物,则不必进行组织细胞的破碎。细胞破碎方法包括研磨法、组织捣碎器、反复冻融法、超声波破碎法、压榨法、冷热交替法、自溶法、溶胀法、酶解法和有机溶剂处理法等。如果需要分离制备分布在某一细胞器中的蛋白质,为了防止其他细胞器中蛋白的干扰或污染,还需要将细胞器分离出来,然后在细胞器中分离出蛋白质。细胞器分离一般采用差速离心法。

(3)蛋白提取。

组织细胞破碎过程中,大量的胞内酶及细胞内含物会被释放,必须立即将其置于一定条件下和溶剂中,让蛋白充分溶解,并尽可能保持原来的自然状态,此过程即为蛋白质的提取。提取所用溶剂一般以水溶液为主,通过改变盐浓度提高蛋白质提取效率、通过温和搅拌提高蛋白质的溶解度、通过控制 pH 来提高蛋白的稳定性、通过温度条件控制防止蛋白质变性,另外通过加入抑制剂或调节提取液的 pH、离子强度或极性等方法可使相应的水解酶失去活性,防止它们对欲提取的蛋白质产生降解作用。一些和脂类结合比较牢固或分子非极性侧链较多的蛋白质难溶于水溶液,常用不同比例的水与有机溶剂混合提取,这些溶剂可以与水互溶或部分互溶。还有一些蛋白质既溶于稀酸、稀碱,又溶于含有一定比例有机溶剂的水溶液,采用多成分提取液,往往既可以起到阻止水解酶破坏目标蛋白的作用,又可实现除杂质以提高目标蛋白纯度的目的。

样品处理:将样品加入等量的 2×SDS 上样缓冲液,100 ℃加热 3 ~ 5 min,离心 12 000 g×1 min,取上清做 SDS-PAGE 分析,同时将 SDS 低分子量蛋白标准品做平行处理。

2. 分离条件的选择

(1)凝胶浓度的选择。

由于 SDS-PAGE 电泳分离蛋白质分子时,电泳迁移率只取决于分子解聚后SDS-蛋白质复合物的大小,因此凝胶浓度的选择很重要,凝胶孔径大小受凝胶浓度的影响,凝胶浓度越大,孔径越小,可根据所测的分子量范围选择合适的凝胶浓度。质量浓度为7.5%的凝胶称为标准胶,对大多数生物体内的蛋白质能得到满意的分离效果。交联度为2.6%条件下,质量分数为10%的凝胶中,蛋白质分子量在25~200 KD之间,电泳迁移率与分子量的对数呈线性关系。

(2)缓冲系统的选择。

缓冲液的选择对蛋白质的分离和电泳的速度非常关键,一般情况下,在被分析的蛋白质稳定的pH范围内,凡不与SDS发生相互作用的缓冲液都可以使用。常用的缓冲液有磷酸缓冲液、Tris-醋酸缓冲系统、咪唑缓冲系统、尿素系统、Tris-甘氨酸系统、Tris-硼酸盐缓冲液,其中Tris-醋酸缓冲系统是使用最多的缓冲液,尿素适用于分子量低于15 KD的蛋白样品。

3. 聚丙烯酰胺凝胶的配制

SDS-PAGE 一般采用的是不连续缓冲系统,相比于连续缓冲系统,能够得到较高的分辨率。浓缩胶有堆积作用,凝胶浓度较小,孔径较大,把较稀的样品加在浓缩胶上,样品经过大孔径凝胶的迁移作用而被浓缩至一个狭窄的区带。样品液和浓缩胶选 Tsis/HCl 缓冲液,电极液选 Tris/甘氨酸,电泳开始后,HCl 解离成氯离子,甘氨酸解离出少量的甘氨酸根离子,蛋白质带负电荷,因此一起向正极移动,其中氯离子移动速度最快,甘氨酸根离子移动速度最慢,蛋白质移动速度居中。电泳开始时氯离子泳动率最大,超过蛋白质,因此在后面形成低电导区;而电场强度与低电导区成反比,因而产生较高的电场强度,使蛋白质和甘氨酸根离子迅速移动,形成一稳定的界面,使蛋白质聚集在移动界面附近,浓缩成一中间层。

(1)分离胶(质量分数为10%)的配制("%"相关内容为质量分数)。

双蒸水	4.0 mL
30%储备胶	3.3 mL
分离胶缓冲液	2.5 mL
10% SDS	0.1 mL
10%过硫酸铵	0.1 mL
TEMED	5.0 μL

将配好的分离胶沿着高玻璃一边缓缓地倒入玻璃板之间,约2/3高度处。倒好后,电泳槽垂直放好,用移液器吸取1 mL水,针头口一边贴着玻璃慢慢地在胶面上封上一层水,这时胶与水交界面处能看到一条清晰的界面,后逐渐消失,放置30~

40 min，当出现清晰的界面后，用移液器小心地吸出水，接着用滤纸吸取剩余的水分。

（2）浓缩胶（质量分数为4%）的配制（“%”相关内容为质量分数）。

双蒸水	1.4 mL
30%储备胶	0.33 mL
浓缩胶缓冲液	0.25 mL
10% SDS	0.02 mL
10%过硫酸铵	0.02 mL
TEMED	2.0 μL

将分离胶上的水倒去，加入上述混合液，立即将梳子插入玻璃板间，完全聚合需15～30 min。

4. 上样

取10 μL处理后的样品加入样品孔中，并加入20 μL低分子量蛋白标准品做对照。

5. 电泳

在电泳槽中加入1×电泳缓冲液，连接电源，负极在上，正极在下。电泳时，浓缩胶电压60 V，分离胶电压100 V，电泳至溴酚兰行至电泳槽下端停止（约需1 h）。

6. 染色

将胶从玻璃板中取出，用考马斯亮兰染色液染色，放置于室温2～3 h条件下。

7. 脱色

将胶从染色液中取出，放入脱色液中，多次脱色至蛋白带清晰。

8. 凝胶摄像和保存

在图像处理系统下将脱色好的凝胶摄像，结果存于软盘中，凝胶可保存于双蒸水中或体积分数为7%的乙酸溶液中。

6.9.5 注意事项

（1）丙烯酰胺、甲叉双丙烯酰胺都是神经毒剂，对皮肤有刺激作用，使用时应特别注意，避免直接接触，必须戴医用乳胶手套操作。

（2）只有在确定二硫键被彻底还原后，才能保证蛋白质分子被解聚。

6.9.6 数据处理

1. 相对迁移率的测定

$$相对迁移率(R_f)=\frac{蛋白带迁移距离}{溴酚蓝迁移距离} \tag{6.3}$$

2. 作图

以已知蛋白质分子量的常用对数值为纵坐标、R_f 为横坐标绘图。

3. 未知蛋白质的分子量测量

通过测定未知蛋白质的 R_f,便可在标准曲线上读出其分子量。

6.9.7 思考题

(1)电泳槽(特别是胶条和玻璃板)在安装时为什么要干净干燥?
(2)做好 PAGE 电泳的关键步骤有哪些?为什么?

6.10 实例10 聚合酶链反应实验技术

6.10.1 背景简介

PCR 技术(聚合酶链反应实验技术)不仅可用于基础研究,如基因表达、基因分型、克隆和序列分析等,还适用于日常的临床诊断、法医学调查和农业生物技术研究。临床诊断包括诊断细菌、病毒类感染性疾病,遗传疾病,肿瘤疾病等。在法医学中,利用 PCR 进行人类身份鉴定是通过对独特的短串联重复序列(STR)进行扩增而区分个体的。在农业学中,PCR 在食物病原体检测、育种植物基因分型和转基因生物(GMO)检测中具有重要作用。

该技术以变性、退火、延伸3个步骤为1个循环,即高温变性、低温退火、中温延伸3个阶段。从理论上讲,每经过1个循环,样本中的 DNA 量应该增加一倍,新形成的链又可成为新一轮循环的模板,经过25~30个循环后,DNA 可扩增 10^6 ~ 10^9 倍。典型的 PCR 反应体系由如下组分组成:DNA 模板、反应缓冲液、dNTP、$MgCl_2$、2个合成 DNA 引物、耐热 Tag 聚合酶。

6.10.2 实验目的

(1)通过本实验了解聚合酶链反应(PCR)的工作原理。
(2)熟练掌握聚合酶链反应(PCR)的操作步骤。

6.10.3 仪器和材料

1. 仪器

(1)德国 Eppendof Mastercyler gradient 梯度 PCR 仪。

技术参数:①热循环系统:珀耳帖效应系统;②加热块规格:96 孔加热块;③可选耗材:96 孔反应板与光学盖膜/96 孔反应板与光学平盖/0.1 mL 8 连管与光学平盖;④支持容量:10~30 μL;⑤样本升降温速率:快速模式为±3.5 ℃/s,标准模式为±1.6 ℃/s,加热块最高升降温速率为 5.5 ℃/s;⑥温度范围:4~100 ℃,精度为±0.25 ℃(35~95 ℃)。

(2)水平电泳仪。

2. 材料

DNA 模扳、4 种 NTP、引物 1 和 2、Tag 酶和缓冲液等。

6.10.4 实验内容与步骤

1. PCR 反应条件的优化

(1)引物。

引物是与待扩增靶 DNA 两端序列互补的寡核苷酸,它决定 PCR 扩增产物的特异性和长度,因此,引物设计与 PCR 反应的成败关系密切。引物有 2 条,即 5′端引物和 3′端引物,分别与相应的模板链互补,引物设计应遵循以下原则:①引物长度一般为 15~30 个核苷酸;②引物中碱基的分布尽可能随机,尽量避免多聚嘌呤或多聚嘧啶;③引物内避免存在互补序列,以免折叠形成发夹结构;④两引物间不应存在互补序列,尤其应避免 3′端的互补重叠;⑤引物与非特异扩增序列的同源小于 70%;⑥引物的 3′端碱基一定要与模板互补配对,而 5′端可不严格互补配对,甚至可以做一些修饰;

(2)PCR 模板。

待扩增的核酸片段是 PCR 的模板,可以为 DNA 或 RNA。当以 RNA 为模板时,需要先进行逆转录生成 cDNA 后,再进行正常的 PCR 循环。

(3)耐热的 DNA 聚合酶。

PCR 反应中,聚合酶是最关键的因素之一。PCR 目的片段越短,PCR 循环数越少,则 PCR 错误率越低。为在扩增较长片段 DNA 时保证序列准确性,以及通过较少的 PCR 循环获得高得率,尽量使用具有高合成能力的高保真度 DNA 聚合酶。Taq DNA 聚合酶目前是 PCR 中应用最广泛的耐热聚合酶,是由中国台湾地区科学家钱嘉韵于 1973 年发现的,它的功能是以 DNA 为模板,以 4 种 dNTP 为原料,以引物 3′端为出发点,按5′→3′方向,以碱基配对方式合成新的DNA链,这一过程也被称为逆转录PCR。

2. 操作步骤

(1)在冰浴中,按以下次序将各成分加入无菌0.5 mL离心管中。

10×PCR缓冲液	5 μL
dNTP混合液(2 mmol/L)	4 μL
引物1(10 pmol/L)	2 μL
引物2(10 pmol/L)	2 μL
Taq酶(2 U/μL)	1 μL
DNA模板(50 ng~1 μg/μL)	1 μL
加双蒸水至	50 μL

(2)调整好反应程序。将上述混合液稍加离心,立即置于PCR仪上,执行扩增。一般程序:在94 ℃预变性3~5 min,进入循环扩增阶段后以94 ℃ 40 s→55 ℃ 40 s→72 ℃ 60 s,循环30~35次,最后在72 ℃条件下保温7 min。

(3)结束反应,PCR产物放置于4 ℃条件下待电泳检测或-20 ℃条件下长期保存。

(4)PCR的电泳检测:取5~10 μL PCR产物进行电泳检测,方法如下:

①将质量分数为1.5%的琼脂糖凝胶置微波炉中溶化,稍等冷却,倒入制胶槽中,充分凝固后拔出样品梳。

②将凝胶板放入电泳槽,加入1×TAE缓冲液,使液面略高于凝胶。

③从反应混合液中取出DNA扩增产物5 μL并加1 μL 6×凝胶加样缓冲液,混匀后全部加入凝胶板的样品孔中进行电泳。

④电泳在100 V下约45 min。

⑤在500 mL水中加入溴化乙锭保存液(EB终浓度为0.5~1 μg/mL)。

⑥电泳结束后,将凝胶轻轻滑入溴化乙锭染色液,染色20~30 min。

⑦取出凝胶,用水稍漂洗,紫外灯下观察结果。

6.10.5 注意事项

(1)PCR反应需在一个没有DNA污染的干净环境中进行,严格按无菌操作的原则进行所有操作。

(2)纯化模板所选用的方法对污染的风险有极大影响。一般而言,只要能够得到可靠的结果,纯化的方法越简单越好。

(3)所有试剂都应该没有核酸和核酸酶的污染,操作过程中均应戴手套。

(4)PCR试剂配制应使用最高质量的新鲜双蒸水,采用0.22 μm滤膜过滤除菌或高压灭菌。

(5)试剂都应该以大体积配制,试验一下是否满意,然后分装成仅够1次使用的量储存,从而确保实验与实验之间的连续性。

(6)试剂或样品准备过程中都要使用一次性灭菌的塑料瓶和管子,玻璃器皿应洗涤干净并高压灭菌。

(7)PCR的样品应在冰浴上化开,并且要充分混匀。

6.10.6 思考题

(1)PCR引物设计的原则是什么?

(2)影响PCR扩增的因素有哪些?

(3)如何确定PCR反应中的退火温度和延长时间?

6.11 实例11 活性污泥中微生物的纯种分离与鉴定

6.11.1 背景简介

平板表面涂布法是指取一定量的稀释菌液,置于适合该菌生长的平板培养基表面上,然后用无菌的涂布玻棒把菌液均匀地涂布在整个平板上,经培养后,在平板培养基表面便形成了若干分散的单菌落,然后分别挑取典型的单菌落于斜面培养基上,经培养后即成为纯化菌种。

脂肪酸是活体微生物细胞膜的重要组分,不同类群的微生物能够通过不同的生化途径合成不同的脂肪酸,脂肪酸作为生物标记物可表征微生物量和微生物群落结构等变化,因此通过测定脂肪酸成分就可推出微生物的信息,如土壤微生物分析、地表水微生物分析及植物宿主微生物多态性分析等。SHERLOCK^{R} Microbial Identification System为美国MIDI公司依据自20世纪60年代以来对微生物细胞脂肪酸的研究经验,开发的一套根据微生物中特定短链脂肪酸(C9-C20)的种类和含量进行鉴定和分析的软件,该软件可以操控Agilent公司的6890型气相色谱,通过对气相色谱获得的短链脂肪酸的种类和含量的图谱进行比对,从而快速准确地对微生物种类进行鉴定。

6.11.2 实验目的

(1)了解分离纯化微生物的原则。

(2)掌握纯种分离的方法。

(3)了解SHERLOCK^{R}全自动微生物鉴定系统鉴定微生物的方法。

6.11.3 仪器和材料

1. 仪器

美国 Agilent 公司 6890 型气相色谱仪、恒温培养箱、恒温水浴锅、SHERLOCK^{R}全自动微生物鉴定系统。

2. 材料

(1)菌种:SBR 反应器中的活性污泥。
(2)培养基:牛肉膏蛋白胨琼脂培养基。
(3)无菌的培养皿,试管,移液管和涂布棒等。
(4)脂肪酸甲酯混合物标样(Microbial ID,Inc. ,Newak,De1. USA)。

6.11.4 实验内容与步骤

1. 微生物的纯种分离

(1)浇平板。
将融化并冷却至 50 ℃左右的牛肉膏蛋白胨琼脂培养基倒入无菌培养皿中(制备 6 只平板),平置,凝固后,分别编号为 10^{-4},10^{-5},10^{-6}。各稀释度做 2 个皿。
(2)稀释样品。
取 6 支无菌试管,依次编号为 10^{-1}、10^{-2}、…、10^{-6},采用生理盐水进行逐级稀释。
(3)加菌液。
从 10^{-4}、10^{-5}、10^{-6}各管中分别吸 0.2 mL 菌液加入相应编号的平板表面上。
(4)涂布。
左手拿培养皿,并将皿盖开启一缝,右手拿涂布玻棒在平板表面轻轻地将菌液涂开。使菌液均匀地涂在整个平板表面。涂布时不要用力过猛,以免涂破培养基。
(5)培养。
将平板倒置于培养皿筒内,放入 37 ℃恒温箱中培养 24 h。
(6)挑单菌落。
用无菌的接种环分别挑取相应的单菌落,接种于牛肉膏蛋白胨琼脂斜面培养基上,经培养后即为纯种。

2. 微生物的鉴定

(1)微生物的培养:对应于每个文库的微生物培养均选用制定的培养条件,包括温度和培养介质等,进行 4 区画线后,进行微生物培养。
(2)获菌:从 4 分画线培养的平板上的第 3 分区上(如果生长缓慢可选第 2 或第

1 分区)用 1 个 4 mm 接种环取 40 mg 菌体细胞。收获的细胞放到一洁净的 13 mm×100 mm 培养管中。

(3)皂化:在培养管中加入 1 mL 试剂 1(15 g 氢氧化钠,50 mL 甲醇,50 mL 水),加盖后短暂振摇。振摇后严格地在(100±1) ℃ 情况下加热(10±1) min。

(4)甲基化:管子冷却后开盖加入 2 mL 试剂 2(32.5 mL 6.00 mol/L 盐酸,27.5 mL甲醇),加盖后短暂振摇。振摇后严格地在(80±1) ℃ 情况下加热(10±1) min。

(5)抽提:管子冷却后加入 1.25 mL 试剂 3(100 mL 正己烷,100 mL 甲基叔丁基醚)。封盖后在医用摇台上轻轻翻转 10 min 左右,开盖将管底的水相部分抽出抛弃。

(6)碱洗:约 3 mL 试剂 4(1.08 g 氢氧化钠,90 mL 水)加入试管中剩下的有机相中,封盖,医用摇台上翻转 5 min。开盖后,将 2/3 有机相加入密封的气相色谱样品管中待测。

(7)气相色谱进行脂肪酸测定:用 SHERLOCK^{R} 软件进行微生物种属特性的分析。

6.11.5 注意事项

(1)用于涂布的平板,应尽量减少培养基表面的冷凝水,以防菌落扩展、蔓延成一片菌苔。

(2)挑取单菌落时应特别小心,尽量挑选分散孤立的典型菌落以期获得纯种。

(3)脂肪酸提取器皿应灭菌干燥。

6.11.6 数据处理

提取得到的脂肪酸样品经气相色谱进行分离后,通过 SHERLOCK^{R} 软件进行微生物种属特性的分析。

6.11.7 思考题

微生物脂肪酸提取过程中如何防止污染?

6.12 实例 12 流式细胞仪的原理及应用

6.12.1 背景简介

流式细胞仪是对细胞进行自动分析和分选的装置。它可以快速测量、存贮、显示悬浮在液体中的分散细胞的一系列重要的生物物理、生物化学方面的特征参量,并可以根据预选的参量范围把指定的细胞亚群从中分选出来。

流式细胞分选术作为一门生物检测技术,应用领域日趋广泛。在肿瘤学中用于检测肿瘤细胞增殖周期、肿瘤细胞表面标记、癌基因表达产物等,在血液学中用于检测白血病和淋巴瘤细胞、活化血小板、网织红细胞计数等,在免疫学中可进行淋巴细胞及其亚群分析、淋巴细胞免疫分型等。在环境、农业、生物科研领域中,用于细胞基础研究、细胞动力学功能研究、环境微生物分析与分子生物学研究。

6.12.2 实验目的

(1)了解流式细胞仪的基本结构和工作原理。

(2)初步掌握样品的要求和熟练掌握流式细胞仪的操作过程。

(3)学习流式细胞分选过程中数据采集和数据分析的方法。

(4)学习仪器的维护方法。

6.12.3 仪器和材料

1. 仪器

美国 BD 公司 FACSCalibur 流式细胞仪。

技术参数:

(1)激光器。

含 15 mW 488 nm 氩离子蓝色激光器,635 nm 红色激光器,4 个荧光探测器和 2 个散射光探测器。

(2)滤光片。

488 nm 激光的荧光通道包括 530/30 nm、585/42 nm、670 nm LP;635 nm 激光的荧光通道包括 661 nm LP。

(3)可选用荧光。

可选用荧光有 FITC、PE、PerCP、PI、PE-Cy5、PerCP-Cy5.5、PE-Cy、APC、Rhodamine、Cyanine 等。

(4)配备分选、浓缩系统和自动上样系统。

2. 材料

细胞浓度大于 10^6 个/mL 的悬液样品 0.5~3 mL。

6.12.4 实验内容与步骤

1. 样品处理

(1)单细胞悬液的制备。

细胞或组织等通过酶消化法、机械法或化学处理法处理成单细胞悬液。

(2)荧光抗体标记。

如细胞膜标记、细胞核标记、细胞浆抗原标记、膜胞浆抗原同时标记、单色标记和多色标记,均为荧光抗体标记。

不需要涂色的情况:测量细胞大小、胞浆颗粒度时,进行细胞精确计数时,以及细胞带有自发荧光和色素时;需要染色或标记的部分:细胞膜、细胞内离子、核酸、蛋白质(研究抗原、蛋白质分子相互作用时)、细胞骨架成分、受体。

2. 条件优化

(1)电压。

电压通过 PD 和 PMT 控制,可由用户调节,各通道互不干扰,图像上目标细胞位置随电压变化实时更改,电压高速的原则是通常使目标细胞位于中央或靠近中央位置。

(2)阈值。

调节阈值有去除噪声及磁片的作用,各通道均可设置,单通道阈值设置或多通道 or/and 组合。

(3)流速。

流速可设置为高、中、低速,低速样本流最稳定,高速样本流收集速度最快。

(4)停止条件。

根据特定目标细胞团,在选择条件点自动停止测试,包括停止时间、体积和粒子数的设置。

3. 操作步骤

(1)在气压阀减压的状态下检查鞘液桶,确认:

①鞘液充满状态(3 L);

②盖紧盖子;

③安上金属板;

④管路畅通,无扭曲;

(2)检查废液桶,确认:

①废液桶充满 400 mL 漂白剂;

②管路畅通,无扭曲。

(3)打开流式细胞仪和电脑。

(4)气压阀置于加压位置,做 Prime。

(5)等待机器预热 5 ~ 10 min 后开始实验。

(6)清洗管路。

(7)气压阀复位。

(8)关电脑和仪器。

6.12.5 注意事项

(1)实验结束后,于关机前清洁加样针的外管和内管,防止加样针堵塞或有染料残留。

(2)流式细胞仪使用一段时间后,在鞘液管路、废液管路和流动池中会有残留的碎片污染物等,因此,需要定期清洗管路,要求至少每月清洗1次,如果处理样本很大,或经常使用附着性染料,则需要增加管路清洗频率。

(3)清洗管路时使用含氯洗液(主要成分为次氯酸钠)。注意用含氯洗液FACSClean清洗管路完毕后,必须换蒸馏水,再次清洗管路,以防止管路中有洗液残留。

(4)关机以后,有蒸馏水的上样管应保持原位,防止加样针有结晶形成。

6.12.6 结果分析

(1)流式细胞仪可得到细胞的百分比、绝对值、均值、标准差、相对标准差等统计参数。

(2)数据分析要素。

分析要素为图和门。门是指在细胞分布图中确定一个范围,对感兴趣的细胞进行单参数或多参数分析,获得门内细胞的百分比等参数。数据的显示通常有直方图、密度图、二维点图、三维立体图和等高线视图几种形式。

单参数直方图中,细胞每一个单参数的测量数据可整理成统计分布,纵坐标一般为细胞数,横坐标表示荧光信号或散射光信号相对强度值,可以由线性、对数或指数表示。线性坐标将数据均匀地映射到各个像素点;对数坐标是将数据做对数变换后均匀地映射到各个图像点,它可将大数据在坐标轴上进行压缩,小数据在坐标轴上拉伸,当线性坐标不易分辨的情况下,可使用对数坐标;指数坐标是将数据做双指数变换后均匀地映射到各个像素点,双指数可解决对数坐标表示时小的部分过于放大及无法显示负数的问题。

双参数数据显示用于表达来自同一细胞2个参数与细胞数量间的关系,常用二维点图、等高线图、二维密度图表示。横坐标为该细胞在一个参数的相对含量,纵坐标为该细胞在另一参数的含量,从双参数图形中可以将各细胞亚群区分开,同时可获得细胞相关的重要信息。

6.12.7 思考题

(1)流式细胞仪的原理是什么?

(2)流式细胞仪液流系统的功能是什么?

(3)流式细胞仪所检测的信号有哪些?分别代表的意义和作用是什么?

6.13　实例 13 水中总有机碳的测定

6.13.1　背景简介

总有机碳(TOC)是以碳的含量来表示水体中有机物质总量的综合指标,是表示水中有机污染程度的定量指标之一。与化学需氧量(COD)和生化需氧量(BOD)相比,TOC 更能直接表示有机物的总量。而且在采用 COD 和 BOD 这 2 个指标时,有许多局限性,如操作复杂、测定时间长、受到许多干扰因素的影响等,因而近年来多采用快速而简易的测定 TOC 含量的方法来表示水体有机污染的程度。

6.13.2　实验目的

(1)了解差减燃烧法测定水中总有机碳的原理和方法。

(2)了解总有机碳测定仪的校正方法。

(3)掌握未知水样总有机碳测定的基本操作和注意事项。

6.13.3　仪器和材料

1. 仪器

本实验采用日本岛津 TOC-V_{CPN}型总有机碳分析仪测定 TOC,仪器工作条件如下:载气减压阀压力为 0.4 MPa;主机压力表指示压力为 200 kPa,载气流量为 130 mL/min。

2. 材料

无二氧化碳蒸馏水、邻苯二甲酸氢钾(优级纯)、碳酸氢钠(优级纯)、无水碳酸钠(优级纯)、硫酸(1∶1)、氢氧化钠。

6.13.4　实验内容与步骤

1. 无二氧化碳蒸馏水的制备

将双蒸馏水在烧杯中煮沸蒸发,蒸掉约 10% 为止。稍冷,立即倾入瓶口装有碱石灰管的下口瓶中。实验中使用的蒸馏水皆为无二氧化碳蒸馏水。

2. 有机碳标准溶液的配制

(1)有机碳标准储备液:称取在 103 ℃ 干燥 1 h 后的邻苯二甲酸氢钾(优级纯)2.125 9 g,用水溶解,转移至 1 000 mL 容量瓶中,稀释至标线。此为含碳1 000 mg/L

的有机碳标准储备液,4 ℃下可保存约40 d。

(2)有机碳标准使用液:准确吸取10.0 mL有机碳标准储备液,置于50 mL容量瓶中,稀释至标线。用时现配。

3. 无机碳标准溶液的配制

(1)无机碳标准储备液:称取在干燥器中干燥2 h的碳酸氢钠(优级纯)3.500 g和在285 ℃干燥1 h后的无水碳酸钠(优级纯)4.41 g,用水溶解,转移至1 000 mL容量瓶中,稀释至标线。此为含碳1 000 mg/L的无机碳标准储备液。

(2)无机碳标准使用液:准确吸取10.0 mL无机碳标准储备液,置于50 mL容量瓶中,稀释至标线。用时现配。

4. 开机

(1)开氧气钢瓶总阀,调节分压至0.4 MPa,打开仪器开关。

(2)调解仪器内的载气分压为200 kPa,流量为130 mL/min。

(3)打开计算机电源开关,进入TOC-Control V系统,双击“Sample Table Editor”(编辑样品表),输入用户名和密码,然后点击“New”(新建)。在出现的小框内选择“Sample Run”(样品运行),确定进入,最后,点击“Connect”(连接),点击“operation setting send”(执行命令),使TOC与计算机连机。等待大约30 min,TOC门上的绿色灯亮,表示主机已准备就绪,可进行样品测定。

5. 绘制校准曲线

分别吸取0.00、0.50、1.00、2.50、5.00、10.00和20.00 mL的有机碳标准使用液和无机碳标准使用液于25 mL比色管中,用水稀释至标线,配成含0.0 mg/L、4.0 mg/L、8.0 mg/L、20.0 mg/L、40.0 mg/L、80.0 mg/L和160.0 mg/L的有机碳和无机碳2个系列标准溶液。从主菜单中进入“Calibration curve”菜单,按照提示分别测试有机碳和无机碳标准系列溶液,绘制标准曲线,存储于分析仪中。

6. 测定水样

根据样品是否含固体杂质及杂质颗粒大小进行过滤,以防止分配管过早被污染。

根据样品来源及COD值估算,确定适当稀释倍数,进行稀释处理,并选择合适的标准测量范围。COD值不能大于5×10^{-4}。测定水样的方法有如下2种。

(1)差减测定法:水样若已经酸化,在测定前应以氢氧化钠中和至中性,过滤处理后测定。

从主菜单中进入“Sample Measurement”菜单,选择合适的总有机碳和无机碳标准曲线,测定样品的总有机碳和无机碳浓度。重复测定2~3次,使相应的总有机碳和无机碳测定值相对偏差在10%以内。

(2)直接测定法:按每 100 mL 水样加 0.04 mL(1∶1)硫酸的比例将水样酸化至 pH≤3(已经酸化的水样不必再加),取 25 mL 水样移入 50 mL 烧杯中,在磁力搅拌器上剧烈搅拌几分钟或向烧杯中通入无二氧化碳的氮气,以除去无机碳。经过以上处理后再进行水样测定。

对水样进行如上处理后的测定步骤与差减测定相同。

6.13.5 注意事项

水样采集后,必须贮存于棕色玻璃瓶中,常温下水样可以保存 24 h。如不能及时分析,水样可加 2 mol/L 的盐酸调节至 pH=3,并在 4 ℃冷藏,可以保存 7 d。

6.13.6 数据处理

(1)记录有机碳、无机碳标准系列测定结果,绘制有机碳、无机碳标准曲线。

(2)记录计算未知水样的总碳、有机碳、无机碳测定结果。

6.13.7 思考题

(1)为什么样品测定前要对其 TOC 值进行估算,并在稀释处理后才能进行测定?

(2)测定总有机碳浓度,本实验所用标准物质是邻苯二甲酸氢钾,它能否被其他物质代替?为什么?

6.14 实例 14 水中胶体浊质颗粒混凝絮体形态观测实验技术

6.14.1 背景简介

在给水处理工艺中,絮凝具有极其重要的作用,絮凝过程的好坏,直接影响着后续如沉淀、过滤等处理单元,因此絮凝科学与技术的研究是环境科学与工程领域中重要的研究内容之一。絮凝形态学又称混凝形态学,是水质絮凝过程中胶粒和絮凝剂的形态特征及其对絮凝效果影响规律的混凝学理论分支。水处理混凝过程中所投加的絮凝剂,在水中会经过一系列的水解-沉淀反应,最终形成不同形状、结构各异的絮凝体,这些形态因素是决定絮凝过程和絮凝效果的重要因素。絮凝形态的研究有助于人们更好的认识絮凝这一过程,从而更好地运用于实际生产。

絮凝剂形态检测分析方法很多,透射电镜、核磁共振法、小角度 X-衍射、紫外光谱法、红外光谱法等现代分析测试手段都被广泛地用于絮凝剂形态分析研究中。光度法用于絮凝剂形态鉴定,以络合比色法为代表,但这种方法不能直接证实各种形态的真实存在。光散射是光与物质的一种相互作用方式。现代激光的发明,为人类提供了强度高、相干性极好的光源,导致了光散射技术的全新发展,能反应水中胶体颗粒和所加混凝剂在水中的真实形态和颗粒大小。

6.14.2　实验目的

(1)突破仅从混凝后浊度指标判断混凝效果的传统方法,接触学科研究前沿。
(2)从微观的混凝絮体颗粒尺寸、形态出发研究混凝机理、效果及影响因素。
(3)增加对混凝处理更直观、更深入的认识。

6.14.3　仪器和材料

1. 仪器

絮凝形态检测分析系统、升降台、反应器、搅拌机、专用电源等。

2. 材料

硫酸铝混凝剂、聚合氯化铝混凝剂、高岭土等。

6.14.4　实验内容与步骤

从微观尺度进行水处理混凝工艺效能和机理的实验研究,进行水处理混凝单元的絮体观测并对其进行形态分析。通过改变水质、混凝药剂种类、混凝药剂投加量、混凝反应水力条件等观测各种因素对混凝效果的影响,研究不同絮凝条件下絮体的变化特征,通过光源选择、数学形态学处理、尺寸标定及参数统计等步骤对絮体形态参数进行分析计算。

(1)将混凝剂配制成质量分数为1%的溶液,采用高岭土与自来水配制的悬浊液模拟原水作为实验水样。
(2)改变混凝剂投量进行混凝搅拌实验。
(3)采集絮体进行影像分析。
(4)进行数学形态学处理、尺寸标定及参数统计等。
(5)计算分析不同药剂投加量条件下的絮体分形维数值。

6.14.5　注意事项

(1)取样过程尽量避免絮体破碎,同一实验需多次取样。
(2)分析前对絮体影像进行预处理以消除干扰因素。
(3)如果检测条件改变,需重新进行尺寸标定。

6.14.6　数据处理

(1)数学形态学处理,剔除杂点。
(2)根据自动计算获得的形态学参数计算絮体的分形维数。

6.14.7 思考题

(1)什么是絮凝形态学理论?
(2)絮体结构及其形成过程具有什么特点?
(3)絮体分形维数如何计算?

6.15 实例15 低温物理吸附实验技术

6.15.1 背景简介

比表面积的测定对掌握粉体材料和多孔材料的微观性能和孔结构具有极为重要的意义,在许多行业中都有着广泛的应用,常用于表征电池行业中的储能材料、橡胶行业中的补强剂、环保行业中的活性炭等吸附剂、煤炭行业中的矿石、建筑行业中的黏结剂水泥等。在催化领域,比表面积和孔径分布是表征多相催化剂物化性能的2个重要参数。一个催化剂的比表面积大小常常与催化剂活性的高低有密切关系,孔径的大小往往决定着催化反应的选择性。

6.15.2 实验目的

(1)了解ASAP2020M型物理吸附仪的功能、原理及用途。
(2)掌握仪器的实际操作过程、软件使用方法。
(3)学习分析实验结果和数据。

6.15.3 仪器和材料

1. 仪器

ASAP2020M全自动比表面积及孔隙度分析仪,为美国麦克(Micromeritics)仪器公司产品。

2. 材料

液氮、高纯氮气、高纯氦气。

6.15.4 实验内容与步骤

1. 样品准备

准确称取一定的样品放入样品管中(同时记录样品管和样品质量,精确到0.000 1 g),将样品管安装到脱气站上,套上加热套。

2. 文件建立与设定

(1)打开计算机,调用“ ASAP2020”程序,在“Film/Open/Sample information”中建立文件。

(2)设置分析方法,选择合适的脱气温度、吸附和脱附过程。选择 N_2 气为吸附、脱附气体。

(3)按“Save”保存文件设置。

3. 脱气

打开计算机,调用“ASAP2020”程序,设置分析方法,打开“Options”菜单,点击“Sample Defaults”命令,根据样品性质及其分析项目设置参数(包括样品信息、样品管信息、脱气条件、分析条件、吸附质特性、报告等),保存方法。再打开“Options”菜单,点击“Start Desgas”,选择样品进行脱气,然后开始脱气,脱气完毕计算机显示“脱气完成”。

4. 样品分析

将脱气完成后的样品管从脱气站取下,重新称重,计算出脱气后样品的实际质量,将样品管套上保温套,安放到分析站上,将样品实际质量填入原文件中“sample information”的“Mass”一栏中,单击保存,然后关闭文件。加一定量的液氮到分析站的杜瓦瓶中。点击“Options”菜单中的“Start Analysis”进行样品分析。

6.15.5 注意事项

(1)倒液氮要注意安全,一定要戴上防护手套。

(2)脱气站有高温,要注意防止烫伤。

(3)在仪器开启状态,脱气杜瓦瓶必须保证有足够的液氮。

6.15.6 数据处理

(1)从“Report”菜单中选择报告文件。

(2)观察吸附、脱附曲线形状,分析其曲线类型。

(3)分析曲线与 BET 数据之间的关系,分析 BJH 吸附、脱附数据。

6.15.7 思考题

(1)为什么吸附过程要在液氮中进行?

(2)低温物理吸附测量比表面积的优点和缺陷是什么?

(3)氮气吸附是本实验所用的主要气体,但是不是唯一气体,其他气体如 CO_2 与氮气相比较优点和缺点又如何?

6.16 实例16 水中有机污染物高级氧化处理实验技术

6.16.1 背景简介

由于未经适当处理的各种污废水排放进入水环境,所以水中存在一些难以自然降解的有机污染物,这对我国宝贵的淡水资源造成了污染威胁。硝基苯作为有机合成中间体及生产原料,常用于生产染料、医药、香料、炸药等有机合成工业。硝基苯具有较强的毒性,当人体接触或吸入大剂量的硝基苯时,可造成血红蛋白络合或氧化,甚至急性中毒。常用于降解硝基苯的方法有物理方法、化学方法和生物方法。在化学方法中,主要有芬顿试剂氧化法、电化学氧化法、臭氧氧化法、超临界水氧化法等。高级氧化法(Advanced Oxidation Process,简称 AOPs)以产生具有强氧化能力的羟基自由基(·OH)为特点,在高温高压、电、声、光辐照、催化剂等反应条件下,使难生物降解的有机物氧化成低毒或无毒的小分子物质,通过直接矿化或氧化提高污染物的可生化性,解决了生物处理方法对可生化性差、相对分子质量从几千到几万的物质处理效果差的难题。臭氧是一种强氧化剂,能够氧化分解水体中的有机物,并且氧化产物是对环境无害的 O_2 和 H_2O,具有良好的应用前景。

6.16.2 实验目的

(1)了解臭氧制备的工艺流程及实验装置的操作方法。

(2)掌握气态臭氧浓度、水溶液臭氧浓度及臭氧在水中的传质系数的测定方法。

(3)掌握 O_3 及 O_3/H_2O_2 用于水处理的高级氧化实验方法。

6.16.3 仪器和材料

1. 仪器

气相色谱仪、液相色谱仪、氧气钢瓶或无油空气压缩机、臭氧发生器、空气干燥装置、气体流量计、接触反应柱、水箱及水泵、模拟废水、紫外-可见光分光光度计、臭氧发生器、气态臭氧浓度测定仪、水中臭氧浓度测定仪器、配水水箱(1 m^3 有机玻璃)、臭氧尾气处理装置、各种玻璃器皿。

2. 材料

靛蓝、叔丁醇、硝基苯、硝基氯苯等。

6.16.4 实验内容与步骤

1. 实验装置

高级氧化实验装置如图6.2所示。

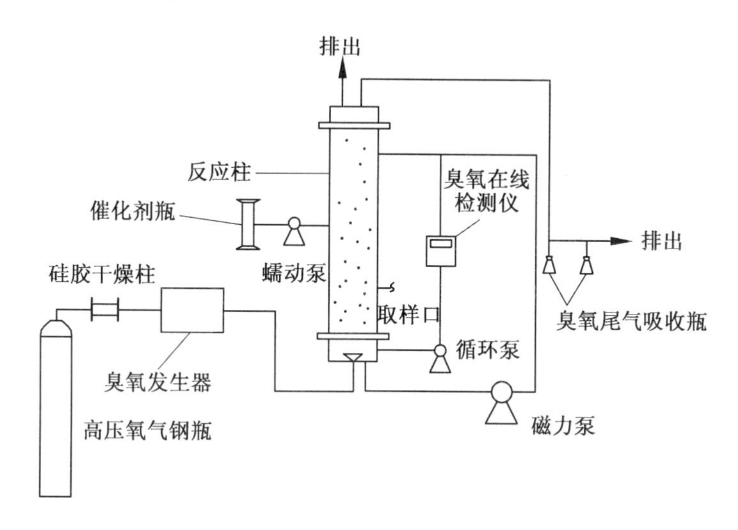

图6.2 高级氧化装置简图

2. 臭氧浓度的测定

(1)水溶性臭氧浓度的测定。

水溶性臭氧浓度测定原理是利用靛蓝(靛红钾)与 O_3 分子 1∶1 的定量反应,反应过程如图 6.3 所示,靛蓝在波长 $\lambda=612$ nm 处吸光值最大,摩尔吸光值 $\varepsilon=$ 20 400 L/(mol · cm),而靛蓝被臭氧氧化后,其氧化产物靛红磺酸钾在波长 $\lambda=$ 612 nm处摩尔吸光值几乎为0,因此可以根据靛蓝的吸光值变化计算水中臭氧浓度。

臭氧浓度可以用式(6.4)进行计算:

$$C_{O_3}=\frac{(A_0-A_1)\times 48\times 10^3}{\varepsilon\times L}\times\frac{V_{O_3}}{V_{\text{Total}}} \tag{6.4}$$

式中 C_{O_3}——溶液中臭氧浓度,mg/L;

A_0,A_1——分别为加入臭氧前后溶液的吸光值;

48×10^3——臭氧摩尔质量,mg/mol;

ε——靛红钾或臭氧摩尔吸光值,L/(mol · cm),靛红钾 $\varepsilon=20\ 400$,臭氧 $\varepsilon=2\ 900$;

L——光程(比色皿厚度),cm;

V_{O_3},V_{Total}——分别为加入的含 O_3 水溶液的体积与总的体积,mL。

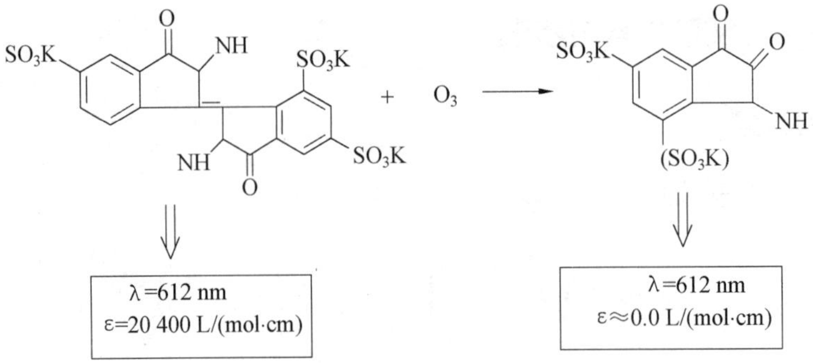

图6.3　O_3 与靛蓝反应示意图

(2)气相中臭氧浓度测定。

实验过程中利用碘量法测定臭氧发生器的臭氧产量,测定基本原理如下:

$$O_3+2KI+H_2O \rightarrow O_2+I_2+2KOH \tag{6.5}$$

$$I_2+2\ Na_2S_2O_3 \rightarrow 2NaI+Na_2S_4O_6 \tag{6.6}$$

根据式(6.7)计算气相中 O_3 浓度:

$$C_{O_3}=\frac{V\times C_2}{2}\times 48\times 10^3 \tag{6.7}$$

式中　C_{O_3}——溶液中臭氧浓度,mg/L;

V——$Na_2S_2O_3$标准溶液消耗体积,mL;

C_2——$Na_2S_2O_3$ 标准溶液消耗浓度,mol/mL;

48×10^3——臭氧摩尔质量,mg/mol。

3. 臭氧在水中的转移率和利用率

(1)臭氧总投量。

臭氧总投量指由臭氧发生器产生,并投入反应器中的全部臭氧量。

(2)尾气臭氧量。

尾气臭氧量指由反应器排出的全部臭氧量。

(3)剩余臭氧量。

剩余臭氧量指由臭氧在线检测仪检测出的水中臭氧量。

(4)臭氧消耗量。

臭氧消耗量=臭氧总投量-尾气臭氧量-剩余臭氧

(5)臭氧转移率。

臭氧转移率=(臭氧总投量-臭氧尾气量)/臭氧总投量

(6)臭氧利用率。

臭氧利用率=臭氧消耗量/臭氧总投量

4. O_3 及 O_3/H_2O_2 氧化去除污染物的动力学基础

臭氧化有机污染物的过程中，可能存在直接分子臭氧化反应和自由基的作用（即间接反应），反应可以用下式来表示：

$$d[M])/dt=k_{O_3}\times[M]\times[O_3]+k_{\cdot OH}\times[M]\times[\cdot OH] \tag{6.8}$$

本试验研究直接测定 k_{O_3}，用竞争动力学的方法测定 $k_{\cdot OH}$，用直接法测定物质 M 的反应速率常数。利用半连续流反应模式，连续向反应器通入臭氧气体，使得反应过程臭氧浓度恒定，然后加入体积远小于臭氧水体积的 M 溶液，同时检测臭氧浓度与 M 的变化，在酸性条件下，且自由基抑制剂叔丁醇（t-BuOH）的浓度远远大于 M 的浓度时，臭氧主要以分子形式与有机物作用，即直接反应过程，因此可以忽略自由基的影响，式(6.8)可以写成：

$$d[M])/dt=k_{O_3}\times[M]\times[O_3] \tag{6.9}$$

从式(6.9)可以看出，当体系臭氧浓度也发生变化时，直接求反应速率常数，还是比较困难，因此可以控制曝气方式及其气流速度，使反应体系的臭氧浓度基本保持不变，当$[O_3]$浓度恒定时，可以把二级反应转化为拟一级反应进行处理，式(6.9)则可转化为式(6.10)：

$$\ln([M]_0/[M])=k_{O_3}\times[O_3]\times t \tag{6.10}$$

令 $k_{O_3}[O_3]=k'$（k'为表观速率常数，s^{-1}），测定不同时间段目标物浓度的变化，可以求出 k'。

在 O_3/H_2O_2 条件下，$k_{\cdot OH}\times R_{ct}>>k_{O_3}$，此时体系中主要是以 $\cdot OH$ 氧化有机物为主的间接反应，分子臭氧反应可以忽略。可以采用竞争动力学的方法进行目标物与 $\cdot OH$ 反应速率常数的测定。然后再加入一定体积的确定 O_3 和 H_2O_2，反应 5 min 后，用 $Na_2S_2O_3$ 终止残余臭氧后进行目标物浓度的测定。

当 2 种物质（M_1、M_2）同时存在于以 $\cdot OH$ 反应为主的体系时，这 2 种物质与 $\cdot OH$发生竞争反应。反应式及推导如下：

$$d[M_1]/dt=k_{M_1}\times[M_1]\times[\cdot OH] \tag{6.11}$$

$$d[M_2]/dt=k_{M_2}\times[M_2]\times[\cdot OH] \tag{6.12}$$

$$d[M_1]/d[M_2]=(k_{M_1}\times[M_1])/(k_{M_2}\times[M_2]) \tag{6.13}$$

$$k_{M_1}=\frac{\ln([M_1]_0/[M_1])}{\ln([M_2]_0/[M_2])}\times k_{M_2} \tag{6.14}$$

式中 $[M_1]_0$、$[M_2]_0$——分别为物质 M_1、M_2 反应前的浓度；
$[M_1]$、$[M_2]$——分别为物质 M_1、M_2 反应后的浓度；
$[\cdot OH]$——自由基浓度；
k_{M_1}、k_{M_2}——分别 M_1、M_2 与 $\cdot OH$ 反应速率常数，L/(mol·s)。

6.16.5 注意事项

臭氧是强氧化剂，臭氧气体有毒，对眼睛有刺激作用，吸入对喉咙会造成严重影响，实验过程中须注意安全和防护。

6.16.6 数据处理

1. 臭氧浓度的测定

将气态、液态臭氧浓度测定数据记录于表 6.7 和表 6.8 中。

表 6.7 气态臭氧浓度

序列	$Na_2S_2O_3$ 浓度 /$(mol \cdot mL^{-1})$	$Na_2S_2O_3$ 体积 /mL	臭氧浓度 /$(mg \cdot L^{-1})$	氧气流速，发生器档位，发生器开启时间
1				
2				
3				
4				
5				
6				
7				
8				

表 6.8 液态臭氧浓度

序列	A_0	A	臭氧水体积 /mL	总体积 /mL	臭氧浓度 /$(mg \cdot L^{-1})$	氧气流速，发生器档位，发生器开启时间，曝气时间
1						
2						
3						
4						
5						
6						
7						
8						

2. 臭氧转移率和利用率

将臭氧转移率和利用率测定的数据记录于表6.9中。

表6.9 臭氧转移率和利用率记录表

项目	1	2	3	4	5	6	7	8
臭氧总投量/mg								
臭氧尾气量/mg								
剩余臭氧量/mg								
臭氧消耗量/%								
臭氧转移率/%								
臭氧利用率/%								

3. 反应速率的测定

将有关反应速率测定的数据记录于表6.10和表6.11中。

表6.10 O_3与M_1的反应速率

序列	反应时间 t /s	M_1 的初始浓度 /($mg \cdot L^{-1}$)	M 在 t 时刻的浓度 /($mg \cdot L^{-1}$)	臭氧浓度 /($mg \cdot L^{-1}$)
1				
2				
3				
4				
5				
6				
7				
8				
9				
10				

表 6.11 M_1 与自由基的反应速率

序列	M_1 的初始浓度 /(mg · L^{-1})	M_2 的初始浓度 /(mg · L^{-1})	M_1 在反应中止时浓度 /(mg · L^{-1})	M_2 在反应中止时浓度 /(mg · L^{-1})
1				
2				
3				
4				
5				
6				
7				
8				
9				
10				

6.16.7 思考题

(1)拟一级反应动力学的原理是什么?

(2)竞争反应的原理是什么?

6.17 实例 17 废水厌氧/好氧生物处理运行实验

6.17.1 背景简介

1. 厌氧反应器(EGSB)

生物膨胀床(Expended Granular Sludge Bed,简称 EGSB)反应器是在升流式厌氧污泥床(Up-flow Anaerobic Sludge Bed,简称 UASB)反应器的基础上发展起来的第 3 代厌氧生物反应器,EGSB 反应器由进水系统、反应区、三相分离器和沉淀区等部分组成。废水由底部配水系统进入反应器,较高的上升流速使废水与膨胀或部分膨胀的污泥充分接触,有机物被降解同时产生发酵气。反应器内装有填料作为载体,小粒径载体提供了微生物生长的巨大表面积,使反应器内能维持较高的生物量,因而提高了容积负荷;采用处理水回流,通过高的水流上升流速,污泥床处于膨胀化状态,从而保持了进水与生物颗粒的充分接触,强化了传质速率,减少了水力停留时间,提高了处理效率;减少处理装置的容积,占地面积小,投资省。

2. 浸没式膜生物反应器(SMBR)

膜生物反应器(Membrane Bio-reactor,简称 MBR)是膜分离技术与生物处理技术相结合的一种新型生化反应系统。MBR 工艺一般由膜分离组件和生物反应器组成,由膜组件代替二次沉淀池进行固液分离。由于膜能将全部的生物量截留在反应器内,可以获得长泥龄和高悬浮固体浓度,有利于生长缓慢的固氮菌和硝化菌的增殖,不需进行延时曝气就能实现同步硝化和反硝化,从而强化了活性污泥的硝化能力,膜分离还能维持较低的污泥负荷(F/M)使剩余污泥产率远小于活性污泥工艺,且系统运行更加灵活和稳定。浸没式膜生物反应器(Submerged Membrane Bio-Reactor,SMBR),膜组件置于生物反应器中,通过工艺泵的负压抽吸作用得到膜过滤出水,该工艺可以把固形物及其他大分子物质直接留在生物反应器内,通过曝气在池内造成一定的旋转流,以增加膜表面的紊流和减轻膜表面的污染。由于不需要混合液的循环系统,能耗较低,较分置式的 MBR 占地更为紧凑。

6.17.2 实验目的

(1)掌握废水处理单元的基本原理并了解工艺过程。

(2)通过对废水处理实验模型的观摩,了解工艺流程、主要设备结构、过程控制参数;

(3)通过自己设计实验方案,根据实际提供的实验设备与试剂调整自己的方案并执行,得出自己的结论,锻炼分析解决实际问题的能力。

6.17.3 仪器

EGSB 反应器、SMBR 反应器、蠕动泵、温控仪、压力表、气体流量计、pH 计、烘箱、量杯、色谱仪、溶解氧测定仪、恒温培养箱以及常用玻璃器皿。

6.17.4 实验内容

1. 厌氧反应器

(1)EGSB 厌氧生物反应器的启动实验。

(2)EGSB 处理污水的运行特性研究实验。

(3)回流比对 EGSB 废水处理及产气效能的影响实验。

(4)不同反应器高度厌氧微生物特性与活性研究实验。

2. 好氧反应器

(1)SMBR 处理污水的特性研究实验。

(2)SMBR 膜通量与污泥浓度的变化特性以及膜生物反应器除污染效能的研究

实验。

(3)SMBR 中活性污泥生物相的变化规律观察实验。

(4)SMBR 中膜的清洗实验。

上述实验需要结合常规水化学水质分析以及微生物学实验进行,根据实验数据进行相关的机理分析。

6.17.5 实验步骤

1.污泥的培养和驯化

取污水厂活性污泥,以人工配制的糖蜜废水进行好氧曝气培养,在糖蜜废水配制过程中投加少量 N 和 P,使进水 COD:N:P≈1 000:5:1。

2.反应器的启动

取培养驯化好的活性污泥进行厌氧反应器接种,初始生物量:总悬浮固体(TSS)浓度为(20.0±1.0) g/L,挥发性悬浮固体(VSS)浓度为(15±2.0) g/L。

厌氧反应器的启动实验:控制厌氧反应器进水 COD 浓度在 2 000 ~3 000 mg/L,进水 pH 为 6.5 ~7.0,启动容积负荷为 6 ~8 kg COD/m^3 · d,反应器的运行温度(35.0±1.0) ℃,水力停留时间(HRT)为 6.0 h。为加快启动过程,考虑投加微量元素,参考浓度:$FeCl_2$ 为 60 mg/L、$MgSO_4$ 为 30 mg/L、$CaCl_2$ 为 100 mg/L 和 $NiCl_2$ 为 0.5 mg/L。

好氧反应器的启动实验:待厌氧反应器 COD 去除率达到 70% 左右时,接种并启动好氧反应器,初始生物量 TSS =(6.0±1.0) g/L,VSS =(4±1.0) g/L。控制反应器 pH 在 7.0 左右,进水 COD 浓度为 600 ~1 000 mg/L,HRT 为 8.0 h 左右,溶解氧 1.0 mg/L左右。

每天取样分析厌氧反应器进出水的 COD、BOD_5、挥发酸、气相组分,测定反应器的温度、pH、碱度、ORP、气体产量、进出水量,取样进行不同高度微生物的生物相观察,污泥浓度 MLSS、MLVSS 采用隔天取样测定;

每天取样分析好氧反应器的进出水的 COD、BOD_5、活性污泥浓度 MLSS、MLVSS,取样进行微生物相的观察,测定反应器溶解氧、膜通量、出水量。

3.反应器的运行

(1)厌氧反应器运行实验。

厌氧反应器容积负荷受进水浓度和水力停留时间的双重调节。反应器启动成功后,通过提高进水 COD 浓度或者提高进水流量 Q 2 种方式来逐步提高反应器容积负荷进行运行实验。提高进水 COD 浓度改变容积负荷运行实验的反应器控制条件:进水 COD 浓度在 3 000 ~6 000 mg/L 之间,进水 pH 为 6.5 ~7.0,容积负荷为 8 ~16 kg

$COD/m^3 \cdot d$,反应器的运行温度为(35.0±1.0) ℃,HRT 为6.0 h;提高进水流量改变容积负荷运行试验的反应器控制条件:进水 COD 浓度在 4 000 mg/L 左右,进水 pH 为6.5 ~7.0,容积负荷为 8 ~16 kg $COD/m^3 \cdot d$,反应器的运行温度(35.0±1.0) ℃,HRT 为3.0 ~6.0 h;

控制反应器容积负荷 16 kg $COD/m^3 \cdot d$,其他条件不变,改变回流比进行运行实验。

(2)好氧反应器运行实验。

好氧反应器启动成功后,通过改变溶解氧和水力停留时间来进行好氧反应器运行实验。改变溶解氧运行实验的反应器控制条件:反应器 pH 在 7.0 左右,进水 COD 浓度在 400 ~1 000 mg/L,HRT 为 3.0 h 左右,溶解氧为 1.0 ~4.0 mg/L。

改变水力停留时间运行实验的反应器控制条件:反应器 pH 在 7.0 左右,进水 COD 浓度为 400 ~1 000 mg/L,HRT 为 3.0 ~6.0 h,溶解氧为 2.0 mg/L 左右。

运行一定时间后对膜组件进行清水冲洗、化学清洗后直接置入膜生物反应器中进行膜组件的清洗实验。

每天检测和取样分析项目同厌氧和好氧启动实验。

6.17.6 检测项目

1. 生化需氧量(BOD_5)部分

(1)试剂。

①磷酸盐缓冲溶液:将 8.58 g 磷酸二氢钾(KH_2PO_4)、2.75 g 磷酸氢二钾(K_2HPO_4)、33.4 g 磷酸氢二钠($Na_2HPO_4 \cdot 7H_2O$)和 1.7 g 氯化铵(NH_4Cl)溶于水中,稀释至 1 000 mL,此溶液的 pH 应为 7.2。

②硫酸镁溶液:将 22.5 g 硫酸镁($MgSO_4 \cdot 7H_2O$)溶于水中,稀释至1 000 mL;

③氯化钙溶液:将 27.5 g 无水氯化钙溶于水,稀释至 1 000 mL。

④氯化铁溶液:将 0.25 g 氯化铁($FeCl_3 \cdot 6H_2O$)溶于水,稀释至 1 000 mL。

⑤盐酸溶液(0.5 mol/L):将 40 mL(ρ = 1.18 g/mL)盐酸溶于水,稀释至1 000 mL。

⑥氢氧化钠溶液(0.5 mol/L):将 20 g 氢氧化钠溶于水,稀释至 1 000 mL。

⑦亚硫酸钠溶液($1/2Na_2SO_3$=0.025 mol/L):将 1.575 g 亚硫酸钠溶于水,稀释至 1 000 mL,此溶液不稳定,需每天配制。

⑧葡萄糖-谷氨酸标准溶液;将谷氨酸($HOOC-CH_2-CH_2-CHNH_2-COOH$)和葡萄糖($C_6H_{12}O_6$)在 103 ℃ 干燥 1 h 后,各称取 150 mg 溶于水中,移入1 000 mL容量瓶内并稀释至标线,混合均匀,此标准溶液临用前配制;

⑨稀释水:在 5 ~20 L 玻璃瓶内装入一定量的水,控制水温在 20 ℃左右。然后用无油空气压缩机或薄膜泵,将此水曝气 2 ~8 h,使水中的溶解氧接近于饱和,也可

以鼓入适量纯氧。瓶口盖以2层经洗涤晾干的纱布,置于20 ℃培养箱中放置数小时,使水中溶解氧含量达8 mg/L左右。临用前于每升水中加入氯化钙溶液、氯化铁溶液、硫酸镁溶液、磷酸盐缓冲溶液各1 mL,并混合均匀,稀释水的pH应为7.2,其BOD_5应小于0.2 mg/L。

⑩接种液:可选用以下任一方法获得适用的接种液。

城市污水,一般采用生活污水,在室温下放置一昼夜,取上层清液供用。

表层土壤浸出液,取100 g花园土壤或植物生长土壤,加入1 L水,混合并静置10 min,取上清溶液供用。

⑪接种稀释水。取适量接种液,加于稀释水中,混匀。每升稀释水中接种液加入量,生活污水为1~10 mL;表层土壤浸出液为20~30 mL;河水、湖水为10~100 mL。接种稀释水的pH应为7.2,BOD_5值以在0.3~1.0 mg/L之间为宜,接种稀释水配制后应立即使用。

(2)水样的预处理。

①水样的pH若超出6.5~7.5范围时,可用盐酸或氢氧化钠稀溶液调节至近于7,但用量不要超过水样体积的0.5%。若水样的酸度或碱度很高,可改用高浓度的碱或酸液进行中和。

②水样中含有铜、铅、锌、镉、铬、砷、氰等有毒物质时,可使用经驯化的微生物接种液的稀释水进行稀释,或提高稀释倍数,降低毒物的浓度。

③含有少量游离氯的水样,一般放置1~2 h,游离氯即可消失。对于游离氯在短时间不能消散的水样,可加入亚硫酸钠溶液,以除去之。其加入量的计算方法是:取中和好的水样100 mL,加入1+1乙酸10 mL,10%(质量分数)碘化钾溶液1 mL,混匀。以淀粉溶液为指示剂,用亚硫酸钠标准溶液滴定游离碘。根据亚硫酸钠标准溶液消耗的体积及其浓度,计算水样中所需加亚硫酸钠溶液的量。

④从水温较低的水域或富营养化的湖泊采集的水样,可能含有过饱和溶解氧,此时应将水样迅速升温至20 ℃左右,充分振摇,以赶出过饱和的溶解氧。从水温较高的水域废水排放口取得的水样,则应迅速使其冷却至20 ℃左右,并充分振摇,使与空气中氧分压接近平衡。

(3)水样的测定。

①不经稀释水样的测定:溶解氧含量较高、有机物含量较少的地面水,可不经稀释,直接以虹吸法将约20 ℃的混匀水样转移至2个溶解氧瓶内,转移过程中应注意不使其产生气泡。以同样的操作使2个溶解氧瓶充满水样后溢出少许,加塞水封。瓶不应有气泡。立即测定其中1瓶溶解氧。将另1瓶放入培养箱中,在(20±1) ℃培养5 d后,测其溶解氧。

②需经稀释水样的测定:根据实践经验,可用地表水由测得的高锰酸盐指数乘以适当的系数求得稀释倍数,稀释水样系数见表6.12。

表6.12 稀释水样系数表

高锰酸盐指数/($mg \cdot L^{-1}$)	系　数
<5	-
5~10	0.2、0.3
10~20	0.4、0.6
>20	0.5、0.7、1.0

工业废水可由重铬酸钾法测得的COD值确定,通常需作三个稀释比,即使用稀释水时,由COD值分别乘以系数0.075、0.15、0.225,即获得三个稀释倍数;使用接种稀释水时,则分别乘以0.075、0.15和0.25,获得三个稀释倍数。

COD值可在测定水样COD过程中,加热回流至60 min时,用由校核试验的邻苯二甲酸氢钾溶液按COD测定相同步骤制备的标准色列进行估测。

稀释倍数确定后按下法之一测定水样。

a.一般稀释法:按照选定的稀释比例,用虹吸法沿筒壁先引入部分稀释水(或接种稀释水)于1 000 mL量筒中,加入需要量的均匀水样,再引入稀释水(或接种稀释水)至800 mL,用带胶板的玻璃棒小心上下搅匀。搅拌时勿使搅棒的胶板露出水面,防止产生气泡。

按不经稀释水样的测定步骤,进行装瓶,测定当天溶解氧和培养5 d后的溶解氧含量。

另取两2溶解氧瓶,用虹吸法装满稀释水(或接种稀释水)作为空白,分别测定5 d前、后的溶解氧含量。

b.直接稀释法:直接稀释法是在溶解氧瓶内直接稀释。在已知2个容积相同(其差小于1 mL)的溶解氧瓶内,用虹吸法加入部分稀释水(或接种稀释水),再加入根据瓶容积和稀释比例计算出的水样量,然后引入稀释水(或接种稀释水)至刚好充满,加塞,勿留气泡于瓶内。其余操作与上述稀释法相同。

在BOD_5测定中,一般采用叠氮化钠修正法测定溶解氧。如遇干扰物质,应根据具体情况采用其他测定法。

(4)BOD_5计算。

不经稀释直接培养的水样BOD_5计算公式:

$$BOD_5 = c_1 - c_2 \tag{6.15}$$

式中　c_1——水样在培养前的溶解氧浓度,mg/L;

c_2——水样经5 d培养后的剩余溶解氧浓度,mg/L。

经稀释后培养的水样:

$$BOD_5 = \frac{(c_1 - c_2) - (B_1 - B_2) f_1}{f_2} \tag{6.16}$$

式中 B_1——稀释水(或接种稀释水)在培养前的溶解氧浓度,mg/L;

B_2——稀释水(或接种稀释水)在培养后的溶解氧浓度,mg/L;

f_1——稀释水(或接种稀释水)在培养液中所占比例;

f_2——水样在培养液中所占比例。

(5)注意事项。

①水中有机物的生物氧化过程分为碳化阶段和硝化阶段,测定一般水样的BOD_5时,硝化阶段不明显或根本不发生,但对于生物处理池的出水,因其中含有大量硝化细菌,因此,在测定BOD_5时也包括了部分含氮化合物的需氧量。对于这种水样,如只需测定有机物的需氧量,应加入硝化抑制剂,如丙稀基硫脲(ATU,$C_4H_8N_2S$)等。

②在2个或3个稀释比的样品中,凡消耗溶解氧大于2 mg/L和剩余溶解氧大于1 mg/L都有效,计算结果时,应取平均值。

③为检查稀释水和接种液的质量,以及化验人员的操作技术,可将20 mL葡萄糖-谷氨酸标准溶液用接种稀释水稀释至1 000 mL,测其BOD_5,其结果应在180~230 mg/L之间。否则,应检查接种液、稀释水或操作技术是否存在问题。

(6)数据处理。

①以表格形式列出稀释水样和稀释水(或接种稀释水样)在培养前后实测溶解氧数据,计算水样BOD_5值。

②根据实际控制实验条件和操作情况,分析影响测定准确度的因素。

2. 化学需氧量的测定

(1)材料。

除非另有说明,实验时所用试剂均为符合国家标准的分析纯试剂,试验用水均为蒸馏水或同等纯度的水。

①硫酸银(Ag_2SO_4),化学纯;

②硫酸汞($HgSO_4$),化学纯;

③硫酸(H_2SO_4),ρ=1.84 g/mL;

④硫酸银-硫酸试剂:向1 L浓硫酸中加入10 g硫酸银,放置1~2 d使之溶解,并混匀,使用前小心摇动;

⑤重铬酸钾标准溶液:

a. 浓度为$C(1/6K_2Cr_2O_7)$= 0.250 mol/L的重铬酸钾标准溶液:将12.258 g在105 ℃干燥2 h后的重铬酸钾溶于水中,稀释至1 000 mL;

b. 浓度为$C(1/6K_2Cr_2O_7)$= 0.025 0 mol/L的重铬酸钾标准溶液:将0.250 mol/L的重铬酸钾标准溶液稀释10倍;

⑥硫酸亚铁铵标准滴定溶液

浓度为$C[(NH_4)_2Fe(SO_4)_2 \cdot 6H_2O]$≈0.10 mol/L的硫酸亚铁铵标准滴定溶液;溶解39g硫酸亚铁铵$[(NH_4)_2Fe(SO_4)_2 \cdot 6H_2O]$于水中,加入20 mL浓硫酸,待

其溶液冷却后稀释至1 000 mL；

每日临用前，必须用重铬酸钾标准溶液（0.250 mol/L）准确标定此溶液（≈0.10 mol/L）的浓度；

取10.00 mL重铬酸钾标准溶液（0.25 mol/L）置于锥形瓶中，用水稀释至约100 mL，加入30 mL浓硫酸，混匀，冷却后，加3滴（约0.15 mL）试亚铁灵指示剂，用硫酸亚铁铵（≈0.10 mol/L）滴定溶液的颜色由黄色经蓝绿色变为红褐色，即为终点。记录下硫酸亚铁铵的消耗量（mL）。

硫酸亚铁铵标准滴定溶液浓度的计算：

$$C[(NH_4)_2Fe(SO_4)_2 \cdot 6H_2O] = (10.00 \times 0.250)/V = 2.50/V \quad (6.17)$$

式中 V——滴定时消耗硫酸亚铁铵溶液的毫升数。

浓度为$C[(NH_4)_2Fe(SO_4)_2 \cdot 6H_2O] \approx 0.010$ mol/L的硫酸亚铁铵标准滴定溶液：将浓度为$C[(NH_4)_2Fe(SO_4)_2 \cdot 6H_2O] \approx 0.10$ mol/L的溶液稀释10倍，用重铬酸钾标准溶液（0.025 0 mol/L）标定，其浓度计算按公式（6.17）。

⑦邻苯二甲酸氢钾标准溶液，$C(KC_6H_5O_4) = 2.082\ 4$ mmol/L：称取105 ℃时干燥2 h的邻苯二甲酸氢钾（$HOOCC_6H_4COOK$）0.425 1 g溶于水，并稀释至1 000 mL，混匀。以重铬酸钾为氧化剂，将邻苯二甲酸氢钾完全氧化的COD值为1.176 8 O_2/g（指1 g邻苯二甲酸氢钾耗氧1.176 g），故该标准溶液的理论COD值为500 mg/L；

⑧试亚铁灵指示剂：称取1.485 g邻菲罗啉（$C_{12}H_8N_2 \cdot H_2O$），0.695 g硫酸亚铁（$FeSO_4 \cdot 7H_2O$）溶于水，稀释至100 mL，贮于棕色试剂瓶内；

⑨防爆沸玻璃珠。

（2）实验步骤。

①对于COD值小于50 mg/L的水样，应采用低浓度的重铬酸钾标准溶液（0.025 mol/L）氧化，加热回流以后，采用低浓度的硫酸亚铁铵标准溶液（≈0.010 mol/L）回滴。

②该方法对未经稀释的水样其测定上限为700 mg/L，超过此限时必须经稀释后测定。

③对于污染严重的水样。可选取所需体积1/10的试料和1/10的试剂，放入10 mm×150 mm硬质玻璃管中，摇匀后，用酒精灯加热至沸数分钟，观察溶液是否变成蓝绿色。如呈蓝绿色，应再适当少取试料，重复以上实验，直至溶液不变蓝绿色为止。从而确定待测水样适当的稀释倍数。

④取试料于锥形瓶中，或取适量试料加水至20.0 mL。

⑤空白实验：按相同步骤以20.0 mL水代替试料进行空白试验，其余试剂和试料测定相同，记录下空白滴定时消耗硫酸亚铁铵标准溶液的毫升数V_1。

⑥校核实验：按测定试料提供的方法分析20.0 mL邻苯二甲酸氢钾标准溶液的COD值，用以检验操作技术及试剂纯度。

该溶液的理论COD值为500 mg/L，如果校核试验的结果大于该值的96%，即可认为实验步骤基本上是适宜的，否则，必须寻找失败的原因，重复实验，使之达到要求。

⑦去干扰试验：无机还原性物质如亚硝酸盐、硫化物及二价铁盐将使结果偏高，将其需氧量作为水样 COD 值的一部分是可以接受的。

该实验的主要干扰物为氯化物，可加入硫酸汞部分地除去，经回流后，氯离子可与硫酸汞结合成可溶性的氯汞络合物。

当氯离子含量超过 1 000 mg/L 时，COD 的最低允许值为 250 mg/L，低于此值时测定结果的准确度就不可靠。

⑧水样的测定：于试料中加入 10.0 mL 重铬酸钾标准溶液（0.250 mol/L）和几颗防爆沸玻璃珠，摇匀。

将锥形瓶接到回流装置冷凝管下端，接通冷凝水。从冷凝管上端缓慢加入 30mL 硫酸银-硫酸试剂，以防止低沸点有机物的逸出，不断旋动锥形瓶使之混合均匀。自溶液开始沸腾起回流 2 h。

冷却后，用 20～30 mL 水自冷凝管上端冲洗冷凝管后，取下锥形瓶，再用水稀释至 140 mL 左右。

溶液冷却至室温后，加入 3 滴 1，10-邻菲罗啉指示剂溶液，用硫酸亚铁铵标准滴定溶液滴定，溶液的颜色由黄色经蓝绿色变为红褐色即为终点。记下硫酸亚铁铵标准滴定溶液的消耗毫升数 V_2。

（3）数据处理。

计算方法：

以 mg/L O_2 计的水样化学需氧量，计算公式如下：

$$COD(mg/L)=C(V_1-V_2)\times 8\,000/V_0 \tag{6.18}$$

式中 C——硫酸亚铁铵标准滴定溶液（6.17）的浓度，mol/L；

V_1——空白试验所消耗的硫酸亚铁铵标准滴定溶液的体积，mL；

V_2——试料测定所消耗的硫酸亚铁铵标准滴定溶液的体积，mL；

8 000——1/4 O_2 的摩尔质量以 mg/L 为单位的换算值；

V_0——试料的体积，mL。

测定结果一般保留三位有效数字，对 COD 值小的水样，当计算出 COD 值小于 10 mg/L 时，应表示为“COD<10 mg/L”。

3. MLSS 和 MLVSS

（1）仪器和实验用品。

①定量滤纸；

②马弗炉；

③烘箱；

④干燥器，备有以颜色指示的干燥剂；

⑤分析天平,感量0.1 mg。

(2)实验步骤(括号内为实际操作)。

①定量滤纸在103~105 ℃温度下烘干,干燥器内冷却,称重,反复直至获得恒重或称重损失小于前次称重的4%;重量为m_0。(干燥8 h后放入干燥器冷却后称重为最终值或ϕ12.5的滤纸直接以1 g计。)

②将样品100 mL用①中的滤纸过滤,放入103~105 ℃的烘箱中烘干取出,在干燥器中冷却至平衡温度称重,反复干燥至恒重或失重小于前次称重的5%或0.5 mg(取较小值),重量为m_1。(干燥8 h后放入干燥器冷却后称重为最终值。)

$$\text{MLSS}=(m_1-m_2)/0.1 \tag{6.19}$$

③将干净的坩埚放入烘箱中干燥1 h,取出放在干燥器中冷却至平衡温度,称重,重量为m_2;

④将②中的滤纸和泥放在③中的坩埚中,然后放入冷的马弗炉中,加热到600 ℃灼烧60 min,在干燥器中冷却并称重,记为m_3。(从温度达到600 ℃开始计时。)

$$\text{MLVSS}=[(m_1+m_2-m_0)-m_3]/0.1 \tag{6.20}$$

MLSS:单位容积混合液内含活性污泥固体物质的总量/($mg \cdot L^{-1}$),MLVSS指混合液挥发性悬浮固体。生活污水一般MLVSS/MLSS=0.7。测MLSS需要定性滤纸(不能用定量的)、电子分析天平、烘箱、干燥器等。取100 mL混合液用滤纸过滤,待烘箱中温度升到103~105 ℃之间的设定值后,将滤干后的滤纸放入烘箱烘2 h,取出置于干燥器中放置0.5 h。称量后减去滤纸重量,并且测定滤纸的重量也要采用上述同样的步骤。该实验必须严格按照上述操作,否则会引入误差。

4. ORP和pH测定

利用pH计在线测定ORP和pH测定。

5. 膜通量的测定

膜通量的测定:用100 mL量筒接膜出水,时间为10 min,根据出水量计算膜通量,换算成$L/(m^2 \cdot h)$。

6. 微生物相观察

微生物相观察:取水样在电子显微镜下观察不同运行时期和阶段微生物形态。

6.17.7 注意事项

(1)反应器负荷的提高应在运行稳定的条件下,即运行中出水较好、COD去除率较高的条件下;提高负荷后注意观察反应器运行情况,再稳定一段时间后,再适当增加负荷。切忌负荷提高过快对系统冲击过大影响反应器正常运行。

(2)进行考察某一参数变化对反应器处理效能影响实验时,注意控制其他实验条件的稳定。

(3)根据专业知识,对获得的数据进行综合分析。

6.17.8 数据处理

1. 厌氧反应器

(1)以时间为横坐标、每天取得的各参数实验数据为纵坐标作图,分析厌氧反应器启动阶段,各参数(COD、BOD_5 去除率、挥发酸、气相组分、pH、碱度、ORP、气体产量、污泥量)的变化情况,探讨影响启动过程的因素;

(2)以时间为横坐标、每天取得的各参数实验数据为纵坐标作图,分析不同容积负荷下厌氧反应器的运行特性:COD、BOD_5 去除率、挥发酸、气相组分、pH、碱度、ORP、气体产量、污泥量变化情况,反应器不同高度微生物演替情况。探讨影响厌氧反应器稳定运行的主要因素。

(3)以容积负荷为横坐标、其他参数为纵坐标作图,分析容积负荷对厌氧反应器的处理效能及产气效能的影响。

(4)以水力停留时间为横坐标、其他参数为纵坐标作图,分析水力停留时间对厌氧反应器的处理效能及产气效能的影响。

(5)以回流比为横坐标、其他参数为纵坐标作图,分析回流比对厌氧反应器的处理效能及产气效能的影响。

(6)根据启动和运行阶段对微生物相的观察结果,分析厌氧反应器启动和运行阶段微生物的演替规律,探讨影响微生物演替的主要因素。

2. 好氧反应器

(1)以时间为横坐标、每天取得的各参数实验数据为纵坐标作图,分析好氧反应器启动阶段,各参数(COD、BOD_5 去除率、污泥量、膜通量、溶解氧)的变化情况,微生物的演替过程;探讨影响启动过程的因素。

(2)以时间为横坐标、每天取得的各参数实验数据为纵坐标作图,分析不同溶解氧浓度下好氧反应器的运行特性:COD 和 BOD_5 去除率、污泥量、膜通量的变化情况,探讨影响好氧反应器稳定运行的主要因素。

(3)以时间为横坐标、每天取得的各参数实验数据为纵坐标作图,分析不同水力停留时间下好氧反应器的运行特性:COD 和 BOD_5 去除率、污泥量、膜通量的变化情况,探讨影响好氧反应器稳定运行的主要因素。

(4)以溶解氧浓度为横坐标、其他参数为纵坐标作图,分析溶解氧浓度对好氧反应器的处理效能及膜通量的影响,探讨影响膜污染的主要因素。

(5)以水力停留时间为横坐标、其他参数为纵坐标作图,分析水力停留时间对好氧反应器的处理效能及膜通量的影响,探讨影响膜污染的主要因素。

(6)列表比较膜清洗前后以及不同清洗方法对膜通量、反应器的处理效能的影响,分析膜不同清洗方法的主要作用,探讨不同膜清洗方法的周期。

(7)根据启动和运行阶段对微生物相的观察结果,分析好氧反应器启动和运行阶段微生物的演替规律,探讨影响微生物演替的主要因素。

6.17.9 思考题

(1)MBR 较传统处理工艺运行方式、处理效率有何不同?有哪些改进?其主要的特点有哪些?

(2)影响膜通量的主要因素有哪些?膜通量和处理效率有无直接关系?

(3)EGSB 反应器较升流式厌氧污泥床(UASB)反应器在结构、污泥特性以及运行特性等方面有何不同?其主要应用领域有哪些?

(4)EGSB 反应器主要控制参数有哪些?提高反应器处理效率的主要措施有哪些?

6.18 实例18 多级耦合工艺制备优质饮用水的原理与实践

6.18.1 背景简介

在饮用水处理中,常见的膜分离技术主要有微滤、超滤和纳滤等技术,其膜分离谱图如图6.4所示。饮用水处理中最重要的就是控制致病菌和病毒,防止烈性水介传染病的爆发。由该谱图可见,要完全去除病毒,可采用纳滤或过滤精度达0.01 μm的超滤。

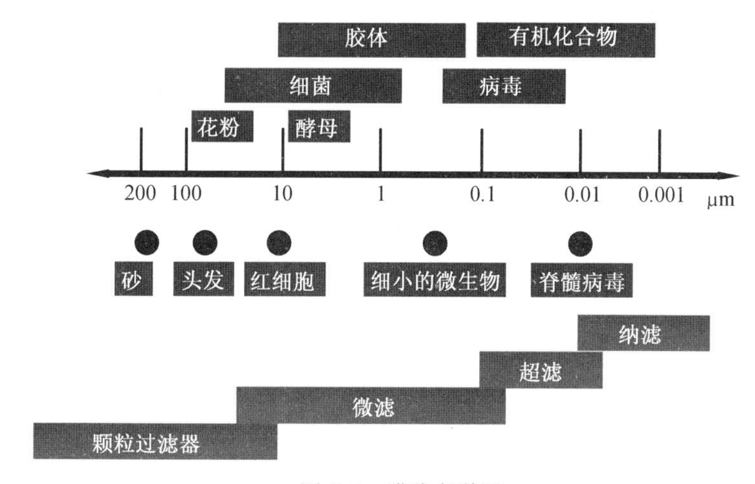

图6.4 膜分离谱图

Microfiltration,MF,又称微滤,即微孔过滤。它属于精密过滤,一般精度范围在

0.1 μm 以上，能够过滤截留微米（Micron）级的微粒和细菌，能够截留溶液中的沙砾、淤泥、黏土等颗粒和贾第虫、隐孢子虫、藻类和一些细菌等，而大量溶剂、小分子及大分子溶质都能透过微滤膜。操作静压差为 0.01 ~ 0.2 MPa。

Ultrafiltration，UF，又称超滤。超滤膜是孔径在 5 nm ~ 0.1 μm 范围的过滤膜。在膜的一侧施以适当压力，就能筛出小于孔径的溶质分子，一般的超滤膜的主要分离对象是分子量 300 ~ 300 000 Da 的大分子以及细菌、病毒、胶体等微粒，操作压力 0.1 ~ 1.0 MPa，超滤可在低压下进行。

Nanofiltration，NF，又称纳滤。纳滤膜的操作压力为 0.5 ~ 4.0 MPa，是允许溶剂分子或某些低分子量溶质或低价离子透过的一种功能性的半透膜。它是一种特殊而又很有前途的分离膜品种，它因能截留物质的大小约为 nm 级而得名，它截留有机物的分子量在 150 ~ 500 Da 之间，截留溶解性盐的能力在 2% ~ 98% 之间，对单价阴离子盐溶液的脱盐低于高价阴离子盐溶液。

通过不同处理单元的耦合，可以获得优质饮用水，其出水水质必须符合中华人民共和国城镇建设行业标准《饮用净水水质标准》（CJ 94—2005）规定要求，可以直接饮用。

6.18.2 实验目的

（1）了解中华人民共和国城镇建设行业标准《饮用净水水质标准》（CJ 94—2005）。

（2）熟悉优质饮用净水生产工艺流程与原理。

（3）了解优质饮用净水相关水质指标的检测方法。

6.18.3 仪器和材料

1. 装置

优质饮用净水生产工艺流程图如图 6.5 所示。

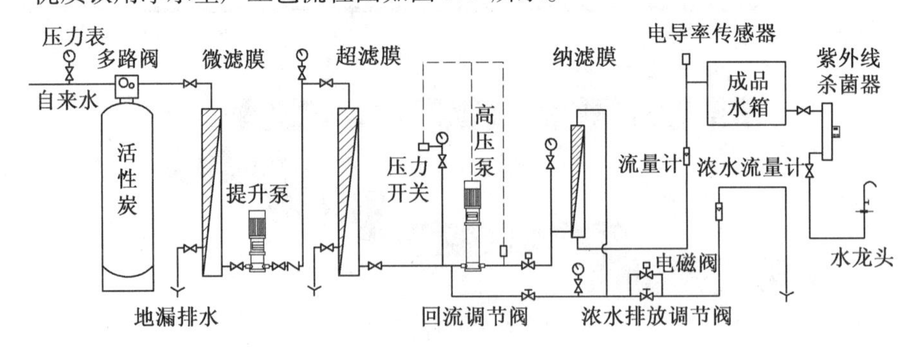

图 6.5 优质饮用净水生产工艺流程图

2. 材料

活性炭过滤系统、微滤膜滤系统、超滤膜滤系统、纳滤膜滤系统、紫外线消毒系统和自动控制系统。

6.18.4 实验内容和步骤

(1)以管道自来水为进水,通过活性炭的吸附过滤,再经多级膜滤系统,最后紫外线消毒。

(2)检测参数:pH,浊度和色度,臭味,电导率,金属离子和阴离子。

(3)检测仪器:pH 计,浊度计,电导仪,分光光度计(比色计),ICP-MS(或 ICP-AES),离子色谱。

6.18.5 注意事项

(1)当此设备处于空闲状态超过 24 h,须使膜管处于一个酸性环境下,以保持抑制细菌繁殖的环境。

(2)活性炭过滤是此装置的重要一环,可吸附某些成分如水中的余氯,以减轻对膜的损害。

6.18.6 数据处理

实验过程中将所检测的各单元出水水质参数记录于表 6.13,并对水质进行分析讨论。

表 6.13 各单元出水水质参数

序号及名称	pH	色度/度	浊度/NTU	电导率/(μs·cm^{-1})	臭味	肉眼可见物	TOC	各种离子/(mg·L^{-1})								
								Cl^-	SO_4^{2-}	Fe	K	Na	Al	Mn	Ca	Mg
0 进水,自来水																
1 活性炭滤后水																
2 微滤滤后水																
3 超滤滤后水																
4 纳滤滤后水																
5 纯净水																
6 矿泉水																
7 矿物质水																

6.18.7 思考题

(1)活性炭能去除水中哪些污染物?

(2)微滤膜、超滤膜、纳滤膜等膜滤系统能有效去除水中的哪些污染物?

(3)假如本实验所检测水质指标超标,会对水质有什么样的影响?

(4)通过本实验,讨论分析应该饮用什么样的水才更有利于我们的身体健康?(至少500字)

6.19 实例19 超滤膜组合工艺用于饮用水处理的实验

6.19.1 背景简介

1. 膜分离技术简介

纳滤和反渗透属于高压膜滤范畴,不仅能有效截留水中微生物和有机物,也对水中的无机离子有很高的截留率。这样就使一些对人体有益的硬度、碱度和微量元素被去除,其出水不适合长期饮用。此外,虽然纳滤和反渗透的净水效率高,但运行能耗相应地也很高,目前在我国还不适合在市政水处理中广泛推广,而主要在一些小型海水淡化或特殊场合使用。

另外,微滤和超滤都属于低压膜范畴,其材料价格和运行成本都已达到了可接受的水平,有着广阔的市场前景。在我国沿用了几十年的混凝、沉淀、砂滤、消毒工艺,其核心功能是除浊和灭菌,而单独的微滤或超滤工艺即可取代整个的常规工艺。与超滤相比,微滤不能完全控制致病菌和病毒。因此,在饮用水处理中采用孔径为0.01 μm的超滤膜不失为上佳的选择。

低压膜工艺主要有压力驱动式和真空抽吸式2种形式。目前国外实际工程中应用较多的是压力驱动式低压膜工艺。但真空抽吸式低压膜工艺由于显著降低了膜装置的复杂程度和运行能耗,得到了人们越来越广泛的关注,也是今后低压膜技术的一个主要发展方向。

关于超滤膜的形式,主要有平板膜、管式膜、中空纤维膜等。中空纤维膜纤细的膜丝能够提供巨大的过水面积,使得超滤工艺的占地面积显著减小且布局紧凑,因而中空纤维膜更适合于在大规模水处理工程中加以采用。

2. 低压膜技术的应用现状

1987年,美国科罗拉多州建成了世界第1座膜分离给水厂,处理水量105 m^3/d,采用0.2 μm的聚丙烯中空纤维微滤膜;1988年,法国建成世界第2座膜滤水厂,水量240 m^3/d,采用0.01 μm的醋酸纤维中空纤维超滤膜;1989年,荷兰建成处理水量为1 200 m^3/d 的超滤水厂。之后,低压膜滤技术在饮用水处理中的实际工程应用在数量上显著增加,在规模上也显著增大。到2000年,全世界共建成70多座膜滤水厂。总供水能力达到200万 m^3/d,其中有12座采用粉末活性炭-超滤工艺,总处理水量为超过20万 m^3/d。2000年,澳大利亚的本迪戈市4个水处理厂采用了浸没式混凝微滤工艺,总处理能力达到12.6万 m^3/d。

到目前,北美地区的超滤水厂达250多座,累计处理量达300万 m^3/d,占美国自来水供应量的2.5%;在欧洲,处理能力在1万 m^3/d 以上的超滤水厂就有33座,仅英国的超滤产水能力就达110万 m^3/d;在亚洲,日本的超滤水厂总供水量已经达到了110万 m^3/d,新加坡也于2003年建成了规模为27.3万 m^3/d 的浸没式膜滤水厂。全球的超滤水厂总处理水量已经超过了800万 m^3/d。

在我国,低压膜技术用于饮用水处理的工程实例还较少,广东东莞于1999年建成1座处理量为6 000 m^3/d 的微滤水厂,江苏苏州于2005年建成1座处理量为1万 m^3/d 的超滤水厂。但我国已经具备了批量生产和供应优质价廉的超滤膜(海南立升)和微滤膜(天津膜天)的能力,所以近期有待实现突破,建设数座5~10万 m^3/d 的大型城市膜滤水厂,以积累设计、安装、运行和管理经验。

到目前为止,我国采用国产膜应用到大规模的市政供水工程中的案例越来越多。安徽马鞍山江心水厂于2008年3月建成一座供水规模5 000 m^3/d 的超滤水厂;天津杨柳青于2008年8月建成一座供水规模为5 000 m^3/d 的超滤水厂;上海盛德水务公司水厂于2008年10月建成一座供水规模为20 000 m^3/d 的超滤水厂;南通芦泾水厂25 000 m^3/d 的超滤膜用于老水厂改造工程于2008年底竣工;东营自来水司100 000 m^3/d的超滤膜用于老水厂改造工程于2009年底竣工通水。可以预见,我国的市政供水工程已进入到膜技术的时代,在今后,膜工艺在新建水厂和老水厂改造中的应用将会越来越多。

3. 低压膜技术的优势与局限性

低压膜滤技术以其优越的特性和低廉的运行成本而受到广大水处理工作者的青睐。Jacangelo等人的试验结果表明超滤出水中的贾第虫和隐孢子虫都在检测限以下;Adham等发现超滤膜处理后的河水中不含大肠杆菌;美国Saratoga水厂的运行结果表明即使原水浊度在很大范围内波动(1~250 NTU),微滤出水浊度始终保持在0.05 NTU以下;而在Madaeni的试验中,疏水性微滤膜对最小的病毒-脊髓灰质病毒的去除率达到99%。可见,低压膜可通过物理分离作用截留水中绝大部分的悬浮物、胶体、致病原生生物、细菌甚至是病毒。

由于低压膜的截留分子量普遍较大,导致其对水中的溶解性有机物去除率较低,尤其是小分子量的可生物降解有机物。Schafer等人的试验结果表明膜对溶解性有机碳(DOC)的去除率是膜孔径的函数。Karnik等采用截留分子量为15 000 Da的超滤膜时,取得的DOC去除率为12.3%~17.3%。同样,Lee等采用2种超滤膜过滤4种水源水,DOC去除效率基本上不超过10%。

4. 低压膜组合工艺

为了达到更好的饮用水深度处理效果，低压膜工艺通常与其他有机物去除率高的技术组合使用。一些研究者考察了混凝与微滤/超滤的组合情况，结果表明在不同混凝剂类型和混凝条件下对有机污染物的去除都有显著的提高。还有一些研究采用 UV/TiO_2 高级氧化或臭氧预氧化对原水进行预处理后再用膜过滤，取得了较好的效果。而目前研究和应用较多的则是粉末活性炭与低压膜的联用工艺，适量的粉末活性炭不仅能有效去除水中中低分子量的有机污染物，而且还能延缓膜污染，降低膜的清洗频率，延长膜的使用周期。

6.19.2 实验目的

(1)掌握膜法水处理技术的基本原理和工作过程。

(2)在实验中学习并了解根据不同适用情况和水质条件选择不同的膜组合工艺进行饮用水深度处理，如混凝与膜的组合工艺，活性炭吸附与膜的组合工艺。

(3)在实验中学习并理解各种延缓膜污染、维护膜长期运行的措施，如曝气、反冲洗等，以及各种延缓膜污染措施的优化组合。

6.19.3 仪器和材料

1. 仪器

浊度仪、色度仪(标准色阶)、紫外可见分光光度计(UV_{254})、TOC 总有机碳测定仪、ICP-AES 金属离子测定仪。

2. 材料

(1)墨水，可考虑采用墨水进行初级实验，考察膜截留颗粒物的性能以及讲解膜的基本操作。

(2)水厂水源水、沉后水、砂滤后水，以进行膜法水处理。

(3)去离子水。

(4)混凝剂，最好与水厂采用的相同。

(5)粉末活性炭，最好与水厂采用的相同。

6.19.4 实验内容与步骤

1. 确定膜通量与蠕动泵转速的关系，并确定不同通量下的初始跨膜压

因每台蠕动泵的卡紧程度存在着差别，因此，实验前先采用去离子水确定膜通量与蠕动泵转速之间的关系；并采用去离子水确定不同通量下膜的初始跨膜压，为接下来的实验做好准备，同时通过跨膜压检验膜的密封完整性。

2. 超滤膜去除水中浊度、色度的模拟实验

（1）在去离子水中滴入适量墨水，使其产生一定的色度和浊度，之后在20～40 L/m^2·h的膜通量下进行超滤实验，观察墨水在膜滤池中的变化情况，并做好记录。

（2）约20 min后，取进出水水样及膜滤池内水样，进行浊度和色度的测定。

（3）停止过滤操作，释放蠕动泵卡管压力，观察膜滤池内的变化情况，做好记录。调整蠕动泵转向，在40～80 L/m^2·h的通量下对膜进行反冲洗10～30 s，观察膜滤池内的变化情况，并排放反冲洗水。

3. 超滤处理实际水源水的实验

（1）取实际水源水，在20～40 L/m^2·h的膜通量下进行超滤实验，观察膜滤池内混浊物的变化情况，并做好记录。超滤过程中记录跨膜压的变化情况。

（2）超滤约20 min后，取进水水样、膜滤池内水样及超滤出水水样，测定浊度、UV_{254}、TOC，考察超滤对水源水中这些污染物质的去除能力。

（3）在40～80 L/m^2·h的通量下对膜进行反冲洗10～30 s，然后正常过滤，记录反冲洗前后的跨膜压变化情况，考察反冲洗对膜污染的延缓作用。

4. 在线混凝–超滤处理实际水源水的实验，及其与超滤处理沉后水的对比

（1）取适量水厂采用的混凝剂溶解于小烧杯之中，标定投药蠕动泵流量与转速之间的关系。

（2）取实际水源水，在20～40 L/m^2·h的膜通量下进行超滤实验；同时，按水厂实际投药量将混凝剂直接投加至膜滤池内。超滤过程中记录跨膜压的变化情况。

（3）约20 min之后，取水源水样、膜滤池内水样、超滤出水水样，测定浊度、TOC、UV_{254}及水中混凝剂金属离子含量。分析在线混凝–超滤工艺对水中污染物质的去除作用，并与前面的单独超滤水源水的实验进行比较，分析在线混凝对超滤膜污染的影响。

（4）在40～80 L/m^2·h的通量下对膜进行反冲洗10～30 s，然后正常过滤，记录反冲洗前后的跨膜压变化情况，考察反冲洗对在线混凝–超滤过程中膜污染的延缓作用。

（5）之后，取水厂沉后水，在20～40 L/m^2·h的膜通量下进行超滤实验；超滤过程中记录跨膜压的变化情况。

（6）约20 min之后，取沉后水样、膜滤池内水样、超滤出水水样及砂滤后水样，测定浊度、TOC、UV_{254}及水中混凝剂金属离子含量。分析混凝沉淀–超滤工艺对水中污染物质的去除作用，并将超滤后水样与砂滤后水样的水质进行对比，分析砂滤及超滤的优缺点。

（7）将混凝沉淀–超滤工艺的跨膜压数据与前面的在线混凝–超滤水源水的实验

进行比较，分析讨论在线混凝和混凝沉淀对超滤膜污染的影响。

(8)在40～80 $L/m^2 \cdot h$的通量下对膜进行反冲洗10～30 s，然后正常过滤，记录反冲洗前后的跨膜压变化情况，考察反冲洗对混凝沉淀-超滤过程中膜污染的延缓作用。

5. 活性炭吸附-超滤处理实际水源水、沉后水的实验

(1)取实际水源水，在20～40 $L/m^2 \cdot h$的膜通量下进行超滤实验；同时，按5～10 mg/L的投药量将粉末炭直接投加至膜滤池内。超滤过程中记录跨膜压的变化情况。

(2)约20 min之后，取水源水样、膜滤池内水样、超滤出水水样，测定浊度、TOC、UV_{254}。分析粉末炭吸附-超滤工艺对水中污染物质的去除作用，并与前面的单独超滤水源水的实验进行比较，分析粉末炭吸附对超滤膜污染的影响。

(3)在40～80 $L/m^2 \cdot h$的通量下对膜进行反冲洗10～30 s，然后正常过滤，记录反冲洗前后的跨膜压变化情况，考察反冲洗对粉末炭吸附-超滤过程中膜污染的延缓作用。

(4)之后，取水厂沉后水，在20～40 $L/m^2 \cdot h$的膜通量下进行超滤实验；同时，按5～10 mg/L的投药量将粉末炭直接投加至膜滤池内。超滤过程中记录跨膜压的变化情况。

(5)约20 min之后，取沉后水样、膜滤池内水样、超滤出水水样，测定浊度、TOC、UV_{254}以及水中混凝剂金属离子含量。分析粉末炭吸附-超滤工艺对沉后水中污染物质的去除作用，并将其与粉末炭吸附-超滤处理水源水的情况进行对比，分析该工艺去除污染物的特点。

(6)将粉末炭吸附-超滤工艺处理沉后水的跨膜压数据与前面的直接超滤沉后水的实验进行比较，分析讨论粉末炭在该工艺中对超滤膜污染的影响。

(7)在40～80 $L/m^2 \cdot h$的通量下对膜进行反冲洗10～30 s，然后正常过滤，记录反冲洗前后的跨膜压变化情况，考察反冲洗对粉末炭吸附-超滤沉后水过程中膜污染的延缓作用。

6.19.5 注意事项

(1)超滤膜在使用过程中面临膜污染问题，在进行超滤膜化学清洗前，要对污染物进行详细分析，选择合适的化学清洗剂。

(2)化学清洗频率越高，对膜组件的损伤越大，因此应掌握好膜系统的化学清洗频率。

6.19.6 数据处理

(1)记录并整理以上5点实验内容的水质数据，分析各种不同的超滤组合工艺对水质的净化特点，以及组合工艺中各单元工艺对水质净化的贡献。

(2)记录并整理以上5点实验内容的跨膜压数据,考察不同的超滤组合工艺中跨膜压增长的特点,分析不同的预处理,如在线混凝、混凝沉淀、活性炭吸附、混凝沉淀/活性炭吸附对膜污染的影响;

(3)记录并整理以上5点实验内容中反冲洗前后的跨膜压数据,分析各种不同的超滤组合工艺中,反冲洗对膜污染的控制作用。

6.19.7 思考题

(1)分析单独超滤处理水源水的优缺点,以及单独超滤的适用情况。

(2)比较在线混凝-超滤工艺、混凝沉淀-超滤工艺在水质净化、膜污染以及工艺紧凑性等方面的优缺点,思考各自的适用情况。

(3)比较混凝沉淀-超滤工艺与混凝沉淀-砂滤工艺的优缺点,思考超滤替代常规砂滤池的可行性。

(4)结合各组实验数据,从水质保障和膜污染控制两个角度思考混凝沉淀/粉末炭吸附-超滤工艺升级改造我国现有水厂的可行性;并考虑一体化混凝沉淀-超滤工艺的适用性。

6.20 实例20 流域水质在线监测实验技术

6.20.1 背景简介

流域水质在线监测实验技术是与“水系统数字化与控制技术”研究生主干课程匹配的应用研究型水处理实验,并为推动城市水系统数字化学科建设的可持续发展提供了基础实验条件。该实验主要演示水质自动监测点选定、水质水量在线检测原理、进水流量调节控制及水质水量就地自动化采集监测和远程无线信息传输技术,使学生具备综合运用水科学、信息科学、计算机技术、网络技术、系统工程等多种不同学科与技术在水处理领域进一步钻研的能力。

6.20.2 实验目的

(1)学习城市水系统数字化控制的相关知识。

(2)了解水质在线监测系统的构成及其在水工程中的应用。

(3)掌握水质水量在线监测仪器的安装方法及检测原理。

6.20.3 仪器和材料

1. 仪器

大型循环水槽、多参数水质在线分析仪、在线流速仪、水质远程数字监测仪、水质无线数据传输系统、监测中心平台等。

2. 材料

自来水、高岭土。

6.20.4 实验内容与步骤

(1)采用高岭土与自来水配制的悬浊液模拟原水作为实验水样。
(2)开启水泵对水槽进水,并将各检测探头浸入水中。
(3)通过水质远程数字监测仪,改变水泵转速调节进水流量。
(4)将监测控制仪表通电,观察仪表显示的流量及水质检测数据。
(5)启动水质无线数据传输系统,观察监测中心平台接收到的数据变化。

6.20.5 注意事项

(1)水泵及检测仪表通电前检查管路阀门是否处于正确开启位置。
(2)如发现设备运行故障必须断电检查。
(3)试验过程中注意不要接触水质检测探头光学部件。

6.20.6 数据处理

水质水量数据实时曲线、历史曲线监测分析。

6.20.7 思考题

(1)概述水质在线监测系统的构成。水质无线数传系统是如何进行数据传送的?
(2)检测仪表由哪些基本部分组成?各有什么作用?

6.21 实例21 水资源地理信息系统实验技术

6.21.1 背景简介

地理信息系统已经成为当前各学科多尺度、宏观问题的主要研究工具,在地理学、气象学、海洋学、环境学、生物学等领域内得到了广泛的应用,成为当今最活跃的科研领域之一。ArcGIS是一个完整的GIS数据创建、更新、查询、制图和分析的系统,支持高级的空间数据处理,还包括了由ArcInfo workstation提供的所有应用和功能——几何生成模块、后处理和数据输出、化学反应、燃烧模型、稀疏多相流模型等。

6.21.2 实验目的

(1)通过实例讲解、上机编程、模拟作业等方面的学习,掌握地理信息系统的基础理论、应用方法和应用技巧。

(2)培养正确应用地理信息等技术以解决流域水质在线监测与模拟预警问题的能力。

6.21.3 仪器

图形工作站、ARCINFO 软件等。

6.21.4 实验内容与步骤

1. GIS 基础教程

在了解地理信息(空间数据、属性数据)的基本组成与结构的基础上,学会使用 ArcGIS 进行数据显示、数据库查询,并了解空间数据格式和表格数据操作。

(1)数据显示:掌握 ArcGIS 的主要地图显示工具和功能,了解 ArcMap 中的基本概念;定性值和定量值的显示以及定量值的分类是地图显示中最重要的操作。

(2)数据库查询:掌握常用的数据查询工具、选择工具的属性设置和使用方法。多种交互式选择方式能自由灵活地实现特定的查询操作。掌握针对选择集的操作、统计、保存、导出等方法。

(3)空间数据格式:掌握地理数据的组织形式和常见的存储方式,各种格式数据的特点;掌握浏览空间数据的方式和方法,即 ArcCatalog 的使用。

(4)表格数据的操作:掌握表格的结构、字段类型和常用的字段处理命令;了解 ArcGIS 的表格格式;表格的对应关系和关联方式;掌握基于表格内容的图表和报表的创建方法。

2. GIS 应用教程

从应用角度讲解数据编辑和基本数据制图,GIS 数据库设计的基本要领;学习多种数据输入的方法;通过数据格式转换、空间参考系设定与转换、数据捕捉环境设定。

(1)数据编辑:ArcMap 数据编辑的管理方式,编辑操作的核心机制(以草图为对象),各种编辑命令和任务的简单介绍;属性数据的编辑。

(2)空间参考:空间参考的组成,地理坐标系统和投影坐标系统的基本概念;ArcGIS 对空间参考信息的存储;投影信息的查看和修改。

(3)ArcGIS 桌面系统:核心产品的功能介绍和版本之间的比较;桌面应用软件的系统设置。

(4)高级地图显示功能:地图和图层的应用,定量数据分级方法的详解,多种表现地图内容的方式;ArcMap 中的符号系统,样式库的管理和符号的自定义;图层标注的位置及可视范围设置,分类标注,注记的创建。

3. GIS 提高教程

结合经典环境模型软件(WASP 或 SMS),了解 GIS 数据库模式的定义等多种前后期处理工作,数据库的建设以及数据的编辑和管理,实现环境模型软件与 GIS 数据耦合。

(1)地址匹配:由表格数据存储的地址来生成点状要素,需要创建相应的地址匹配服务,涉及参考数据和匹配模式的选择。

(2)ArcGIS 界面定制:工具条的创建和修改,命令的添加和删除,快捷键的设置;ArcObjects 开发的简单接触。

(3)建设 GIS 数据库:数据库设计的流程介绍;元数据的创建和管理;数据建库的方案选择,新数据的创建,数据格式的转换,数据的后期处理;数据库方案即属性表结构的修改,子类和域的创建和使用;高级数据编辑,共享要素的编辑,要素创建工具的使用;数据的集成、融合和裁切等管理操作,几何网络的创建和应用。

(4)空间分析功能:邻近分析和叠加分析的概念和作用,空间分析功能在 ArcGIS 中的实现;进行数据分析的思想和流程设计。

(5)环境模型软件与 GIS 耦合:研究区域数字化;利用 GIS 栅格矢量化功能生成浓度场分布图;利用 GIS 空间数据处理功能进行浓度、时间和空间的平均浓度计算并显示;可视化开发语言;数据信息的管理与共享。

6.21.5 注意事项

(1)预先了解 GIS、计算机辅助制图以及地理学基础知识等方面内容。

(2)个人账户信息妥善保存,不得转借。

(3)安全合理使用计算机设备。

6.21.6 数据处理

标准的或专有的地图和图形文件、影像、CAD 数据、电子表格、关系型数据库等许多其他数据源。

1. 空间数据(Spatial Data)——构成地图的基本数据

空间数据由点、线、面构成,是 GIS 系统的核心。空间数据用来表达位置和地图要素的形状信息,如建筑物、街道和城市。

2. 表格数据(Tabular Data)——为地图添加信息

表格数据是描述地图要素的数据,比如:一幅表现客户位置的地图可能同时链接到这些客户的人口统计信息。

3. 影像数据(Image Data)——应用影像建立地图

影像数据有许多不同的来源,比如:卫星影像,航空影像及扫描数据——从纸质地图得到的数字格式。

6.21.7 思考题

(1)GIS 由哪几个主要组成部分？基本功能有哪些？

(2)简述环境模型在求解、数据保存与结果后处理过程中 GIS 的耦合方式与价值？

(3)流域环境应急决策支持系统中,GIS 技术在集成技术系统中的地位与作用如何？

6.22 实例 22 数值模拟大型计算实验技术

6.22.1 背景简介

计算流体动力学(Computational Fluid Dynamics,简称 CFD)是利用数值计算方法通过计算机求解描述流体运动的数学方程,揭示流体运动的内在规律的一门新兴学科。CFD 是多领域的交叉学科,涉及的学科包括流体力学、偏微分方程的数学理论、数值方法和计算机科学等。CFD 目前在所有与流体相关的学科,如物理学、天文学、气象学、海洋学、宇宙机械、机械、土木与建筑学、环境学、生物学等领域内得到了广泛的应用,成为当今最活跃的科研领域之一。

6.22.2 实验目的

(1)通过实际的编程操作,深入了解计算流体力学(CFD)的计算原理和数值求解方法。

(2)通过应用商用 CFD 软件进行模拟,掌握 CFD 软件的操作技巧和注意事项,为今后更准确有效地利用 CFD 进行科研活动奠定基础。

6.22.3 仪器

图形工作站、高性能计算集群、Fortran 编译程序、Fluent6.2 和 Star-CD。

6.22.4 实验内容与步骤

1. 利用 Fortran 语言上机编程求解一维非稳态传热问题

重点掌握利用有限体积法将一维非稳态传热类型的偏微分方程转化为线性方程组的方法;关于时间的显式求解、隐式求解和 Crank-Nicolson 差分算法;关于三对角线性矩阵的 TDMA 解法。

2. 利用现有商用 CFD 软件求解典型流动问题

将学生分成不同组别，利用现有商用 CFD 软件求解典型流动问题，设计自然对流流动、强迫对流流动和混合流动这 3 种典型流动现象，采用现有商用 CFD 软件 Fluent，利用不同湍流计算模型（0 方程模型、$k-\varepsilon$ 模型、$k-\omega$ 模型、V2f 模型、RSM 模型和 LES 模型）进行算例模拟，学习 CFD 商用软件的操作技巧。

3. 利用不同湍流计算模型进行算例模拟

采用现有商用 CFD 软件 Star-CD，利用不同湍流计算模型（0 方程模型、$k-\varepsilon$ 模型、$k-\omega$ 模型、V2f 模型、RSM 模型和 LES 模型）进行算例模拟，然后通过与实验结果及专家模拟结果的比较，学习 CFD 商用软件的操作技巧、不同湍流计算模型针对不同流动现象的特点，并总结各自的适用性。

6.22.5 注意事项

（1）预先了解 Linux、MPI、并行编程等方面内容。
（2）个人账户信息妥善保存，不得转借。
（3）安全合理使用计算机设备。

6.22.6 数据处理

1. 利用 Fortran 语言上机编程求解一维非稳态传热问题

输出一维空间温度分布，并用图形表示（图 6.6 和图 6.7 为示范例）。

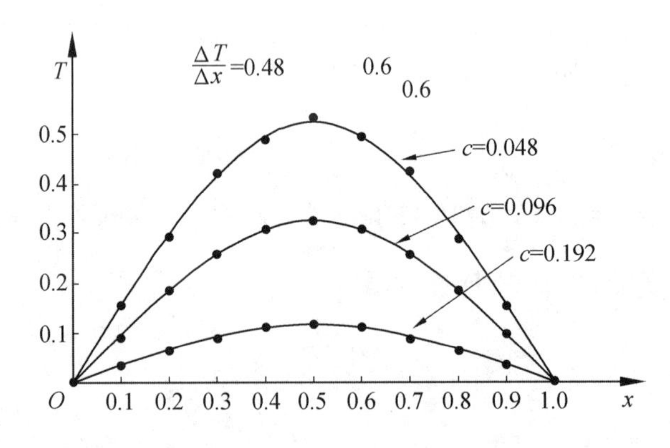

图 6.6　$a\Delta T/\Delta x^2=0.48$ 时的温度分布

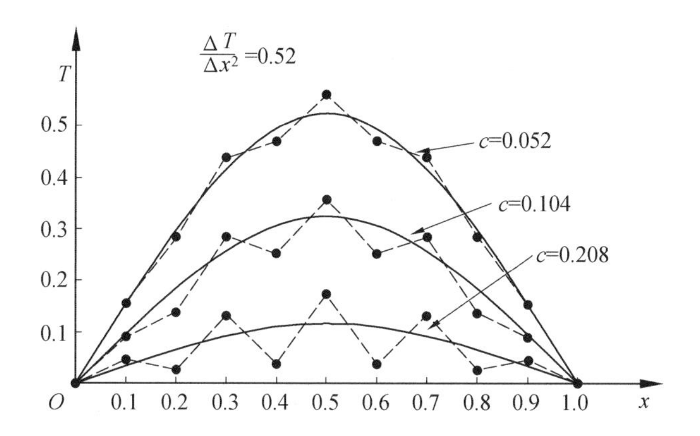

图6.7 $a\Delta T/\Delta x^2=0.52$ 时的温度分布

2. 商用 CFD 软件模拟

利用不同计算模型、不同 CFD 商用软件，得到上述典型流动问题的流场参数分布（不同断面温度、风速、Reynolds 应力等湍动特征值），并与实测结果进行比较（图6.8 和6.9 为示范例）。

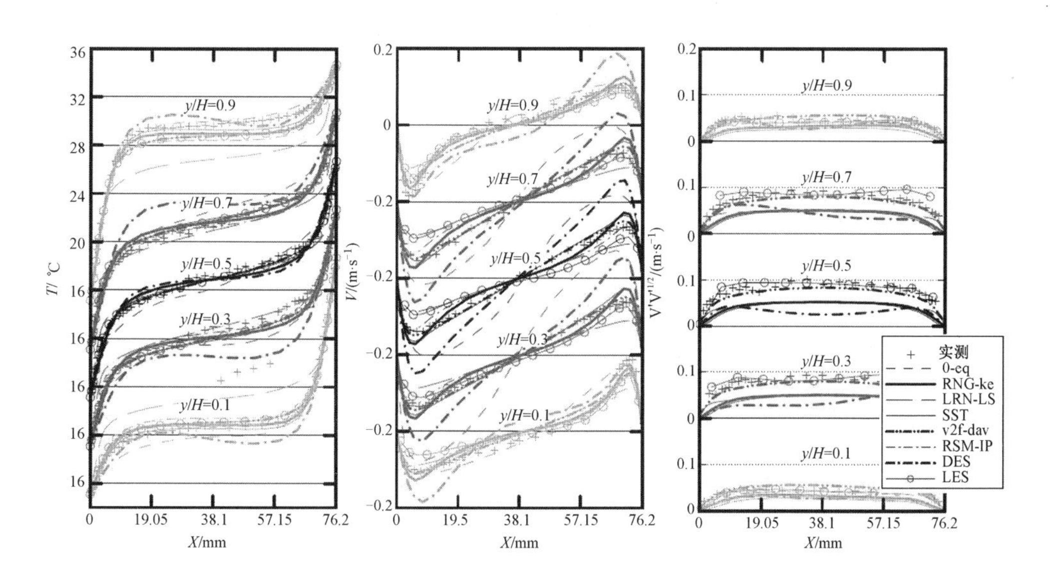

图6.8 各种湍流计算模型关于自然对流流动的计算和实测结果比较

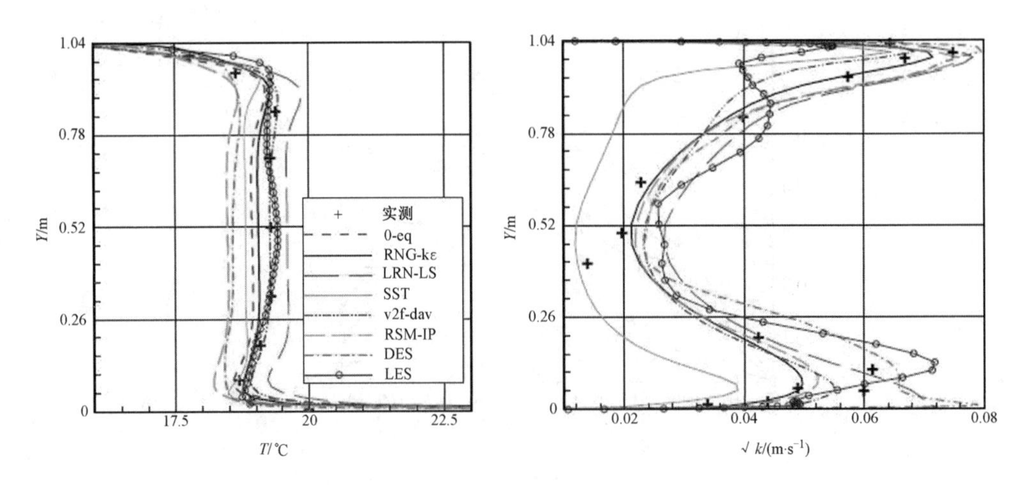

图 6.9 各种湍流计算模型关于混合流动的计算和实测结果比较

6.22.7 思考题

(1)利用 Fortran 语言上机编程求解一维非稳态传热问题:①针对显式求解、隐式求解和 Crank-Nicolson 差分等不同算法,逐渐改变参数 $a\Delta T/\Delta x^2$,输出的温度分布计算结果有什么差异?②为什么产生这样的差异?

(2)关于商用 CFD 软件模拟问题:①根据课堂教学内容及自身实践,体会为什么不同湍流计算模型计算结果和实测结果之间存在不同差异?②结合课堂教学内容,总结在应用商用 CFD 软件时的注意事项。

参 考 文 献

[1] 国家环境保护总局《水和废水监测分析方法》编委会. 水和废水监测分析方法[M].4 版. 北京:中国环境科学出版社,2002.
[2] 梅 · 亨泽,马克 · 洛斯德雷赫特,乔治 · 埃克默,等. 污水生物处理——原理、设计与模拟[M]. 施汉昌,胡志荣,周军,等译. 北京:中国建筑工业出版社,2011.
[3] 周玉. 材料分析方法[M].3 版. 北京:机械工业出版社,2011.
[4] 武汉大学化学系. 仪器分析[M].1 版. 北京:高等教育出版社,2001.
[5] 周先碗,胡晓倩. 生物化学仪器分析与实验技术[M]. 北京:化学工业出版社,2002.
[6] 叶恒强,王元明. 透射电子显微学进展[M]. 北京:科学出版社,2003.
[7] 朱宜,张存圭. 电子显微镜的原理和使用[M]. 北京:北京大学出版社,1983.
[8] 齐美玲. 气相色谱分析及应用[M].2 版. 北京:科学出版社,2018.
[9] 戴维 · 斯帕克曼,塞尔达 · 彭顿,富尔顿 · 柯森. 气相色谱与质谱:实用指南[M].2 版. 北京:科学出版社,2013.
[10] 于世林. 高效液相色谱方法及应用[M].2 版. 北京:化学工业出版社,2005.
[11] 邓勃. 实用原子光谱分析[M]. 北京:化学工业出版社,2013.
[12] 孙汉文. 原子光谱分析[M]. 北京:高等教育出版社,2002.
[13] 胡斌,江祖成. 色谱-原子光谱/质谱联用技术及形态分析[M]. 北京:科学出版社,2005.
[14] 杨序纲. 聚合物电子显微术[M]. 北京:化学工业出版社,2015.
[15] 大卫 · 威廉斯,巴里 · 卡特. 透射电子显微学:上册[M]. 李建奇,李俊,王臻,等译.2 版. 北京:高等教育出版社,2015.
[16] 施明哲. 扫描电镜和能谱仪的原理与实用分析技术[M]. 北京:电子工业出版社,2015.
[17] 张大同. 扫描电镜与能谱仪分析技术[M]. 广州:华南理工大学出版社,2009.
[18] 刘志国,唐中华,祖元刚. 原子力显微镜在大分子研究中的应用[M]. 北京:科学出版社,2013.
[19] 赵永芳. 生物化学技术原理及应用[M].5 版. 北京:科学出版社,2015.
[20] 吕虎,华萍. 现代生物技术导论[M].2 版. 北京:科学出版社,2011.
[21] 宋思扬,楼士林. 生物技术概论[M].4 版. 北京:科学出版社,2014.
[22] 徐晓军,刘祥义,张良林. 化学絮凝剂作用原理[M]. 北京:科学出版社,2005.

[23] 黄君礼,吴明松.水分析化学[M].4版.北京:中国建筑工业出版社,2013.
[24] 安树林.膜科学技术及其应用[M].北京:中国纺织出版社,2018.
[25] 朱长乐.膜科学技术[M].2版.北京:高等教育出版社,1992.
[26] 张兰英,饶竹,刘娜,等.环境样品前处理技术[M].北京:清华大学出版社,2008.
[27] 赵淑莉,谭培功.空气中有机物的检测分析方法[M].北京:中国环境科学出版社,2005.
[28] 张倩,张超杰,周琪,等.SPE-HPLC-MS联用法测定地表水中PFOA及PFOS含量[J].四川环境,2006,25(4):10-12.
[29] SAITON,SASAKIK,NAKATOMEK,et al. Perfluorooctanesulfonate concentrations in surface water in Japan [J]. Archives of Environmental Contamination and Toxicology,2003,45(2):149-158.
[30] 黄一石,吴朝华,杨小林.仪器分析[M].3版.北京:化学工业出版社,2013.
[31] 辛仁轩.等离子体发射光谱分析[M].北京:化学工业出版社,2005.
[32] 郭英凯.仪器分析[M].2版.北京:化学工业出版社,2015.
[33] 陈培榕,李景虹,邓勃.现代仪器分析实验与技术[M].2版.北京:清华大学出版社,2006.
[34] 林长钦,黄朝耿,周雷.液相-原子荧光光谱法测定食品中无机砷[J].安徽农业科学,2017,45(3):101-103.
[35] 代丽.高效液相色谱—原子荧光法在动物源性食品砷形态分析中的应用[D].天津:天津大学,2012.
[36] 杜希文,原续波.材料分析方法[M].2版.天津:天津大学出版社,2011.
[37] 刘密新,罗国安,张新荣,等.仪器分析[M].2版.北京:清华大学出版社,2002.
[38] 杨序纲,杨潇.原子力显微术及其应用[M].北京:化学工业出版社,2012.
[39] 彭昌盛,宋少先,谷庆宝.扫描探针显微技术理论与应用[M].北京:化学工业出版社,2007.
[40] 曾毅,吴伟,高建华.扫描电镜和电子探针的基础及应用[M].上海:上海科学技术出版社,2009.
[41] 曾毅,吴伟,刘紫微.低压扫描电镜应用技术研究[M].上海:上海科学技术出版社,2014.
[42] 朱亚南,张书文,毛有东.冷冻电镜在分子生物物理学中的技术革命[J].物理,2017,46(2):76-83.
[43] 黄岚青,刘海广.冷冻电镜单颗粒技术的发展、现状与未来[J].物理,2017,46(2):91-99.
[44] 李茵茵,李鲲鹏,李向辉,等.含水纳米材料冷冻电镜直接成像研究[J].电子显微学报,2012,31(4):346-349.

[45] 林水啸,林默君.冷冻电镜技术——2017 年诺贝尔化学奖介绍[J].化学教育(中英文),2018,39(8):1-6.
[46] 王琳芳,杨克恭.医学分子生物学原理[M].北京:高等教育出版社,2001.
[47] 魏群.分子生物学实验指导[M].3 版.北京:高等教育出版社,2015.
[48] 陈朱波,曹雪涛.流式细胞术——原理、操作及应用[M].2 版.北京:科学出版社,2014.
[49] 杜立颖,冯仁青.流式细胞术[M].2 版.北京:北京大学出版社,2014.
[50] 乌多·维斯曼,崔仁秀,伊娃·多姆布朗斯基.废水生物处理原理[M].盛国平,王曙光译.北京:科学出版社,2015.
[51] 王国惠.水分析化学[M].3 版.北京:化学工业出版社,2015.
[52] 李圭白,张杰.水质工程学[M].北京:中国建筑工业出版社,2005.
[53] 许保玖,安鼎年.给水处理理论与设计[M].北京:中国建筑工业出版社,1992.
[54] 崔福义,彭永臻,南军.给排水工程仪表与控制[M].2 版.北京:中国建筑工业出版社,2006.
[55] GREGG S J,SING K S W. Adsorption,Surface Area and Porosity[M]. New York:Academic Press,1982.
[56] 广州有色金属研究院,西安赛隆金属材料有限责任公司,北京精微高博科学技术有限公司,等.GB/T 19587—2017 气体吸附 BET 法测定固态物质比表面积[S].北京:中国标准出版社,2017.
[57] 沈吉敏,李学艳,陈忠林,等.臭氧化降解水中硝基氯苯 I.动力学和过程分析[J].哈尔滨工业大学学报,2008,40(4):540-545.
[58] BELTRÁN JF. Ozonereaction kinetics for water and wastewater systems[M]. New York:Lewis Publishers,2004.
[59] 任南琪,王爱杰,丁杰,等.厌氧生物技术原理与应用[M].北京:化学工业出版社,2004.
[60] 顾国维,何义亮.膜生物反应器在污水处理中的研究与应用[M].北京:化学工业出版社,2002.
[61] 山东省卫生防疫站,天津市卫生局公共卫生监督所,辽宁省卫生监督所,等.GB 19298—2003 瓶(桶)装饮用水卫生标准[S].北京:中国标准出版社,2003.
[62] 中国疾病预防控制中心环境与健康相关产品安全所.GB 5749—2006 饮用水卫生标准[S].北京:中国标准出版社,2006.
[63] 中国建筑设计研究院,深圳市水务集团深水海纳水务有限公司,上海管道纯净水股份有限公司,等.CJ 94—2005 饮用净水水质标准[S].北京:中国标准出版社,2005.
[64] EU. European Commission Council Directive 98/83/EC on the quality of water intended for human consumption[S]. Brussels:Official Journal of the European

Communities,1998.
[65] MADAENI S S. The application of membrane technology for water disinfection[J]. Water Research,1999,33(2):301-308.
[66] LEIKNES T. The effect of coupling coagulation and flocculation with membrane filtration in water treatment:A review[J]. Journal of Environmental Sciences,2009,21(1):8-12.
[67] GAI X J, KIM H S. The role of powdered activated carbon in enhancing the performance of membrane systems for water treatment[J]. Desalination,2008,225(1-3):288-300.
[68] 刘自放,龙北生,李长友. 给水排水自动控制与仪表[M]. 北京:中国建筑工业出版社,2001.
[69] 陈卫,张金松. 城市水系统运营与管理[M]. 2 版. 北京:中国建筑工业出版社,2010.
[70] 彭永臻,崔福义. 给水排水工程计算机应用[M]. 北京:中国建筑工业出版社,2002.
[71] 刘耀林. 环境信息系统[M]. 北京:科学出版社,2005.
[72] 许保玖,龙腾锐. 当代给水与废水处理原理[M]. 2 版. 北京:高等教育出版社,2000.
[73] 陈美丹,姚琪,徐爱兰. WASP 水质模型及其研究进展[J]. 水利科技与经济,2006,12(7):420-426.
[74] 贾海峰,程声通,杜文涛. GIS 与地表水质模型 WASP5 的集成[J]. 清华大学学报:自然科学版,2001,41(8):125-128.
[75] 村上周三. CFD 与建筑环境设计[M]. 朱清宇,陈宏,黄弘,等译. 北京:中国建筑工业出版社,2007.
[76] 约翰·安德森. 计算流体力学基础及其应用[M]. 吴颂平,刘赵森,译. 北京:机械工业出版社,2007.
[77] 李万平. 计算流体力学[M]. 武汉:华中科技大学出版社,2004.
[78] MALKAWA A M, AUGENBROE G. Advanced Building Simulation[M]. London:Spon Press,2003.
[79] 陶文铨. 数值传热学[M]. 2 版. 西安:西安交通大学出版社,2001.
[80] ZHANG Z, ZHANG W, ZHAI Z Q, et al. Evaluation of various turbulence models in predicting airflow and turbulence in enclosed environments by CFD: Part 2—Comparison with experimental data from literature[J]. HVAC&R Research,2007,13(6):871-886.
[81] 荒川忠一. 数值流体力学[M]. 东京:东京大学出版社,1995.

常见术语中英文对照表

B

保留时间(Retention Time,简称 RT)
变性梯度凝胶电泳(Denaturing Gradient Gel Electrophoresis,简称 DGGE)
变异系数(Coefficient of Variation ,简称 CV)
不对称 PCR(Asymmetric PCR)

C

常规扫描电镜(Conventional Scanning Electron Microscope,简称 CSEM)
常规透射电镜(Common Transmission Electron Microscopy,简称 CTEM)
场发射扫描电子显微镜(Field Emission Scanning Electron Microscope,简称 FEG SEM)
超临界液体色谱法(Supercritical Fluid Chromatography,简称 SFC)
巢式 PCR(Nested PCR)
重叠延伸 PCR(Overlap-extennsion PCR)
重组 PCR(Recombinant PCR)

D

大气压化学电离源(Atomospheric Pressure Chemical Ionization,简称 APCI)
单聚焦分析器(Single Focusing Analyzer)
等温 PCR(Isothermal PCR)
电感耦合等离子体(Inductively Coupled Plasma,简称 ICP)
电喷雾电离源(Electrospray Ionization,简称 ESI)
电泳(Electrophoresis,简称 EP)
电子捕获检测器(Electron-capture Detector,简称 ECD)
电子轰击电离源(Electron Impact,简称 EI)
电子显微镜(Electron Microscope,简称 EM)

定量 PCR(Quantitative PCR,简称 Q-PCR)

F

反向 PCR(Inverse PCR)

反转录(Reverse Transcription PCR,简称 RT-PCR)

飞行时间分析器(Time of flight Analyzer,简称 TOF)

傅里叶变换离子回旋共振分析器(Fourier Transform Ion Cyclotron Resonance Analyzer)

G

高分辨透射电子显微镜(High-Resolution Transmission Electron Microscopy,简称 HRTEM)

固定相(Stationary Phase)

光电二极管阵列式检测器(Photo-diode Array Detector,简称 PDAD)

国际理论与应用化学联合会提出(International Union of Pure and Applied Chemistry,简称 IUPAC)

H

横向力显微模式(Lateral Force Microscopy,简称 LFM)

化学电离源(Chemical Ionization,简称 CI)

环境扫描电子显微镜(Environmental Scanning Electron Microscope,简称 ESEM)

火焰光度检测器(Flame Photometric Detector,简称 FPD)

火焰离子化检测器(Flame Ionization Detector,简称 FID)

J

基体辅助激光解吸电离(Matrix-assisted Laser Desorption/Ionization,简称 MALDI)

接触模式(Contact Mode)

聚合酶链反应(Polymerase Chain Reaction,简称 PCR)

K

快原子轰击源(Fast Atomic Bombardment,简称 FAB)

L

冷冻扫描电镜(Cryo-SEM)
冷冻透射电镜(Cryo-TEM)
离子阱分析器(Ion Trap Analyzer)
流动相(Mobile phase)
流式细胞术(Flow Cytometry ,简称 FCM)
流式细胞仪(Flow Cytometer)

N

能量分散谱仪(Energy Dispersive Spectrometer,简称 EDS)

P

葡萄糖凝胶(Sephadex ged)

Q

气相色谱法(Gas Chromatography,简称 GC)
轻敲模式(Tapping Mode)
琼脂糖凝胶(Agarose gel)

R

热导检测器(Thermal Conductivity Detector,简称 TCD)

S

扫描电子显微镜(Scanning Electron Microscope,简称 SEM)
扫描隧道显微镜(Scanning Tunneling Microscope,简称 STM)
扫描探针显微镜(Scanning Probe Microscope,简称 SPM)
扫描透射电镜(Scanning Transmission Electron Microscopy,简称 STEM)
色谱法(Chromatography)
闪烁计数器(Scintillation Counter)

实时荧光定量 PCR(Real-Time Quantitative PCR)
双聚焦分析器(Double Focusing Analyzer)
四极杆分析器(Quadrupole Analyzer)

T

透射电子显镜(Transmission Electron Microscope,简称 TEM)

W

微波感生等离子体(Microwave Induced Plasma,简称 MIP)

X

X 射线荧光(X Ray Fluorescence,简称 XRF)
吸附(Adsorption)
吸附等温线(Adsorption Isotherm)
相位成像模式(Phase Imaging)

Y

液相色谱法(Liquid Chromatography,简称 LC)
原子发射光谱(Atomic Emmission Spectrometry,简称 AES)
原子力显微镜(Atomic Force Microscope,简称 AFM)
原子荧光光谱(Atomic Fluorescence Spectrometry,简称 AFS)

Z

直流等离子体(Direct Current Plasma,简称 DCP)
质谱法(Mass Spectroscopy,MS)
总碳(Total Carbon,简称 TC)
总有机碳(Total Organic Carbon,简称 TOC)